自衛隊警務隊逮捕術

荒木肇［編著］
陸上自衛隊小平学校［協力］

目　次

はじめに 3

警務隊長が語る「進化する警務隊」

警務官は司法警察員／警務隊の組織／警務隊の現状について／警務隊の将来は？

警務隊逮捕術とは 8

江戸時代の捕物道具／陸軍憲兵の逮捕術／憲兵の学んだ柔術逮捕術／戦後の警察と自衛隊警務隊の逮捕術／警務隊逮捕術

警務隊逮捕術 15

1 前さばき（体さばき1）16
2 後ろさばき（体さばき2）18
3 前受け身（受け身1）20
4 後ろ受け身（受け身2）21
5 横受け身（受け身3）22
6 前方回転受け身（受け身4）24
7 片手外回し（離脱1）26
8 片手内回し（離脱2）28
9 前突き（当身1）30
10 手刀/てがたな（当身2）31
11 肘当て（当身3）32
12 前蹴り（当身4）34
13 膝当て（当身5）36
14 背負投げ（投げ1）38
15 大腰/おおごし（投げ2）40

16 小手返し（逆1）42
17 脇固め（逆2）44
18 下段打ち（警棒打ち1）46
19 中段打ち（警棒打ち2）48
20 両手突き（警棒突き）50
21 本手打ち（警杖打ち）52
22 返し突き（警杖突き）54
23 片手取り小手返し（徒手1）58
24 前襟取り脇固め（徒手2）62
25 後ろ襟取り腕固め（徒手3）64
26 警棒取り小手打ち（警棒1）66
27 突掛け小手返し（警棒2）68
28 前襟取り小手投げ（警杖1）72
29 水月/すいげつ（警杖2）76
30 斜面/しゃめん（警杖3）78
31 両手上げ（捜検）80
32 前固めからの施錠 84
33 後ろ小手取り（連行1）86
34 腕取り（連行2）88

指導官の横顔 56

現役自衛官が語る「警務隊」の素顔 90

資料 憲兵隊小史 107

憲兵のはじまり／憲兵隊の発足／憲兵の補充と服役／日清日露戦争に出征した憲兵／日露戦争後の憲兵／戦争の激化の中で／陸上自衛隊警務隊

おわりに 135

はじめに
——警務隊長が語る「進化する警務隊」

警務官は司法警察員

警務隊には２つの大きな任務がある。１つは犯罪捜査と被疑者の逮捕、つまり司法警察業務である。もう１つは交通統制、警護、犯罪の予防、規律違反の防止などの保安業務である。

総指揮官である警務隊長は「警務官である陸将補」と訓令で定められている。これは、ほかの将官が自身の職種を離れて補職しているのと大きく異なる。たとえば、同じく陸将補が補職する施設（工兵）団長に普通科（歩兵）出身者、高射特科（砲兵）団長に野戦特科出身の将補がつくことは珍しくない。

それがわざわざ「警務隊長は警務官」と指定されるのは、警務官が司法警察員であるからだ。自衛隊警務官は、みな司法警察員である。警察官でいえば、巡査部長以上がその資格をもつ。

司法警察員は犯罪の捜査を行ない、被疑者を取り調べ、裁判所に令状を請求し、検察官に事件を送致する手続きができる。他方、警察官の巡査、巡査長（司法巡査）にはその資格がなく、自衛隊の陸・海・空士の警務官補に送致権はない。

警務隊の組織

警務隊本部は市ヶ谷にあり、総務科、企画訓練科、捜査科と保安科がある。警務隊長の隷下には中央警務隊（市ヶ谷）と５個の方面警務隊（北部、東北、東部、中部、西部）があり、各方面警務隊にはそれぞれ方面警務隊本部と地区警務隊、保安警務中隊がある。

令和元年11月10日、祝賀御列の儀において天皇皇后両陛下に対して「特別儀じよう」を実施する第302保安警務中隊。同中隊は国家元首や皇族、政府高官、国賓などの重要人物を政府として迎える際に行なう「特別儀じよう」を自衛隊で唯一担当する。

方面警務隊長は１佐で、ほかの職種でいえば連隊長に相当する。地区警務隊の隊長は２佐で、本部と駐屯地警務隊、直接支援保安警務隊が指揮下にある。ただし例外もある。茨城・千葉を担当する第１２７地区警務隊、山梨・静岡両県の第１２８地区警務隊、神奈川県を担当する第１２９地区警務隊は、隊本部と駐屯地警務隊だけになっている。ほかの方面警務隊では師団や旅団の警備担任区域ごとに地区警務隊がある。

保安警務中隊は方面警務隊長の指揮を受ける。各方面警務隊に１個あるが、中でも有名なのは、国賓への儀仗（自衛隊では「儀じよう」と表記する）を行なう東部方面警務隊第３０２保安警務中隊である。国賓が来日した時の空港での出迎え、迎賓館などでの行事、また防衛省内での外国軍高官などの表敬などで、その洗練された精鋭ぶりがうかがえる。

各駐屯地は規模の大小があり、警務派遣隊や数人で構成される警務連絡班が置かれる。また警務隊長は、防衛大臣の承認を受けて、防衛大学校、防衛医科大学校、防衛研究所、防衛監察本部と防衛装備庁にも警務連絡班を置くことができる。
以下、梅田将警務隊長に警務隊について解説していただく。

警務隊の現状について

警務隊員は、すでに自衛官として勤務している者から選抜される。警務科の試験官の眼を通して、人物・資質とも警務官にふさわしい者が選ばれる。当然、一般隊員の採用よりも厳しい選抜になる。なぜなら保全に対する姿勢、規律維持への意欲などを見極め、司法警察職員としての適性を重視するからである。

警務隊長「この選抜方法は、一般隊員の募集も厳しい時代、つまり社会に働ける場所がたくさんあり、有効求人倍率が高い時には苦労します。いまの若い人は、チャレンジ精神もあり、やりがいを見つけて、外の世界で自分を試したいという意欲も高い。こちらが必要とする人材の条件は高いですから、そういう若者は自衛隊以外にも活躍の場があります」

しかも自衛隊は特別職国家公務員である。公務員の待遇は法律で定めるところであり、民間企業と競り合って勝てるわけもない。そこに苦労があると梅田将補は言う。前職は大阪地方協力本部長だったのだ。
しかし、暗い話ばかりではない。社会への女性の進出を後押しする時代でもある。

警務隊長「高級幹部会同で安倍総理が『自衛隊というのは男文化優先社会である。それを変えていかねばならない』と言われました。公務員に占める女性の割合を全体の３０パーセントにするという数値目標が出ました。現在、陸上自衛隊の中で女性の比率は7パーセント、警務科に限ると4パーセントです。今後、女性自衛官が増えれば、女性に起因する事案も増えていきます。そのためにも、女性警務官の増員が急務です」

警務隊長・梅田将（すすむ）陸将補
1963年生まれ。福井県出身。陸上自衛隊少年工科学校を82年に卒業。中央野外通信群で勤務後、神奈川大学法学部を卒業。一般幹部候補生に採用され、1990年４月、北熊本の第８通信大隊で３尉に任官。通信教導隊、幹部学校指揮幕僚課程修了、長官官房広報課報道室、陸上幕僚監部防衛部防衛課編成班で勤務。部隊指揮官経験は第３通信大隊長、中部方面通信群長を経験。陸上幕僚監部教育訓練部教育訓練計画課制度班長、同防衛部防衛課防衛調整官を務める。陸上幕僚監部人事部厚生課長から東北方面総監部幕僚副長、2017年３月、大阪地方協力本部長を経て、2019年４月１日から現職。

幹部候補生から警務隊員になるのは毎年６人で、防衛大学校と一般大学出身者が半分ずつである。ただ防衛大学校出身の女性幹部はほぼ１人で、あまりにも少ない。これは自衛隊という組織が理系中心であるという長い間の歴史がそうさせるのだろう。

最近は警務隊員を目指す一般大学の法学部出身者も増えているという。梅田警務隊長は、採用については男女の枠は設けていないと明言している。今後は法学部の女子学生に就職先として警務科を広報するのはどうだろう。法学部出身者は警務官になりやすく、法務官への道も開かれている。

一般の隊員にも法律の知識をもっと持たせたいと梅田警務隊長は語る。法律への知識不足から、知らずに違法行為をしてしまう隊員もいる。犯罪の多様化が進み、危険薬物もネットを使って簡単に入手できてしまう。そうした現状から法律の改正もしばしばである。たとえば、児童ポルノ画像については、それを記録媒体に保存しているだけで罪になる。そういったことも含めて、隊員たちに教育をしていかねばならないという。

警務隊の将来は？

警務隊長「我々警務官は平素の暮らしの中で規律違反や、犯罪への対応をしていますが、今やその平素が有事に近い。サイバー攻撃は戦争ですかと訊かれますが、グレーゾーンです。この段階から有事、戦争になっていきます。国家が情報を収集して、何かを仕掛ければ戦争行為に発展します。個人が勝手に他人のネットワークに侵入して情報を集め、それにより金を儲けたら犯罪ですが、その区別はつきにくい」

そうしたサイバー犯罪に立ち向かっているのは、行政文民警察であり、自衛隊では司法業務を受け持つ警務隊である。相手にする犯罪者、犯行形態は多様である。そうした事態に立ち向かえる意欲と能力を持った人材がこれからますます必要になると警務隊長は語る。

そういう人材を発掘して育てる。そのためには制度も変えなければならないだろう。問題は、その制度である。部外者から見れば、リクルートをもっと柔軟にして情報科職種の隊員から転科させればいいなどと考えてしまう。

ところが、警務官は司法警察職員でなくてはならない。警務部隊に属するためには、小平学校の警務官課程を終え、司法警察職員である手帳を交付される必要がある。

警務隊長「これからの警務隊には、医師や法律の専門家である事務官がいてもいいと思います。ほかにも法医官、警察でいう監察医ですね。また技官の人などがいてくれたらどうか。そういう柔軟な採用形態があってもいいと思いますが、今はまだ警務隊には警務官しかいません」

自衛隊にはすでにサイバー防衛隊もできている。陸上自衛隊通信学校には、その要員の養成課程もある。これからの時代にふさわしい組織に警務隊も進化していくことが求められている。

警務隊逮捕術とは

江戸時代の捕物道具

江戸時代、犯罪行為などの被疑者（下手人）の逮捕を捕物といった。それを行なう人たちには十手や捕縄を扱う技術の伝承があった。当時は「恥の文化」が色濃く存在し、捕縛後の吟味によって罪とならなかった場合は無実の人に「縄目の恥を与えた」として切腹を含む責任問題が生じることもあった。

捕縄には３種類あり、早縄においては縄目（結び目）を一切つくらず「早縄を打つ」と言った。資料や残された物を見ると、縄の一端に鉄製の小さな鉤をつけた鉤縄も見られる。被疑者の後ろ襟などに鉤をうちこみ、素早く巻きからめてしまう。これを「鉤縄を巻く」といった。

また、本縄といって、護送したり、白州などへ曳き出したりするときの正式な縄のかけ方もあった。被疑者の身分、性別、職業によって縄のかけ方が異なっていた。取り調べの場所に連行する時の縄尻の取り方などにも細かい型が決まっていたらしい。

十手は主に金属製である。「太刀もぎ」ともいわれた鉤が付いている。刀や槍などを受け止めるだけでなく、挟みくわえて動きを封じたり、梃子の原理で捻ってもぎ奪ったりするためのものだ。十手術では、鉤を下に向け鉤から指２本分（４センチほど）離したところを握るとされる。刃を鉤で挟み留めた時、指や手の甲を斬られる危険があったからだ。

江戸や大坂などには警察業務を行なう者として、それぞれの町奉行所与力や同心がいた。与力や同心は代々奉行所に勤める者で、犯罪捜査の専門家だった。与力は騎乗をゆるされた士官であり、同心は足軽と同じく後の下士官に相当する。この同心が私的に手当てを与えて使っていたのが目明しや岡っ引といわれた御用聞きである。

テレビや映画では、この御用聞きの親分などが銀メッキの十手に房を付けていることがある。あれは映像上で華やかにみせるための演出である。

朱色の房が付けられるのは与力、同心に限られた。江戸町方十手捕縄扱様（江戸町方十手術）第８代宗家の名和弓雄氏によれば、目明しが持つのを許されたのは官給の十手で、長さは１尺２寸（約３６センチ）である。捕縄は早縄であり、２尋半（約3.5メートル）だったという。

江戸町奉行所同心の十手は通常９寸（約２７センチ）であり、十手袋に入れてから懐に入れていた。これは御用の証し（警察手帳）であり、捕物に使用されることは一般にはなかった。

このことは戦前の警察官にも引き継がれ、背広の内側に入れていたらしい。私事になるが警察官だった祖父の思い出話がある。ある刑事が背広の外側から朱房が見えてしまい、正体を見破られ、犯人に刺されてしまったという話だ。

江戸町奉行所同心が捕物出役に用いる十手は、実戦用２尺１寸（約６３センチ）の長十手であり、武器を持って抵抗する相手に対するものである。当時は刀や匕首、手槍や棒などをもって抵抗する者もいた。江戸町奉行所の様子を書いたものの中には、同心たちが剣術のほかにも十手などの稽古をしていた記録も残っている。

また、戦国期以来の武器である鼻捻という棒があった。もともとは、暴れる馬を押さえる道具で、護身用の武器にもなった。これが長さ、形状、紐の付け方など現在の警棒とまったく変わらないのも興味深い。

陸軍憲兵の逮捕術

陸軍には、歩兵・騎兵・砲兵・工兵・輜重兵・航空兵といった戦闘職種の兵科のほかに、憲兵科という軍隊内の警察官がいた。先の６兵科が１９４０（昭和１５）年に統合され、兵科とひとくくりにされた時にも憲兵科だけは残された。

「監軍護法（かんぐんごほう）」を兵科の精神とし、軍隊内の不法行為や、軍隊に関わる犯罪を取り締まった。また、海軍には憲兵はいなかった。海軍大臣の指揮を受けて、陸軍憲兵が海軍軍人も取り締まったのである。

では、陸軍憲兵たちはどのような逮捕術の教育・訓練を受けていたのだろうか？　はっきりしているのは、日清戦争後の１８９９（明治３２）年８月に定められた憲兵練習所令の中の教育内容からである。

士官（尉官）に対しては憲法、行政法、国際公法、法理研修、刑法、刑事訴訟法、民法、外国語、陸軍経理および術科を教育した。ただし、術科とは馬術のことをいった。

これに対して、下士官（正確には陸軍下士に官が付いたのは昭和７年以後だが、本書では下士官に統一する）と上等兵の学生に対しては次の通りだった。

法律の研修、陸海軍刑法、刑法、刑事訴訟法、民法、速記法、外国語、簿記、憲兵実務の講受（ママ）、術科とあり、術科の中身はかなり多い。まず、操練、拳銃使用法、軍刀操法、馬術、剣術、教練、兵器の用法に加えて、柔術捕縄術があった。操練とは、今でいう一般体育のことをいう。

１８９６（明治２９）年の『陸軍補充條例』には、各兵科士官の補充、つまり採用についての記述がある。その第６條に「憲兵科士官（尉官）ハ他兵科ノ士官ヨリ轉科（てんか）セシム」とある。

他兵科からの転科者である士官学生に対しては、法律学の素養を向上させようという狙いが教育内容からみてとれる。当時の士官学校卒業者は理科系の知識を重視されていた。明治の陸軍将校は、西洋式の自然科学重視の教育を受けていたので、社会科学や人文科学の授業はほとんど受けていないのである。

憲兵の学んだ柔術逮捕術

下士官・兵の場合は、ほとんどが当時の尋常小学校（４年制）の卒業者だった。わずかにその上の高等小学校（２～３年制）を出た者がいたくらいである。ところが、憲兵志願者の素質はたいへん高かった。明治２０年代頃、中等学校への進学率はわずかに2パーセントだった。その時代に進学できなかったのは経済的事情が大きかったことだろう。憲兵上等兵の候補者は、やむなく進学できなかった向学心に燃えた優秀な現役兵から選抜されていたのである。

現役憲兵上等兵の補充は、第１２４條で『歩、騎、砲、工、輜重兵隊兵卒中憲兵志願ニシテ左ノ二項ニ該當スル者……』とされた。左の二項とは、2年間以上現役で満年齢が２２歳以上であること。品行方正、志操確実で憲兵上等兵の勤務に必要な学術を修習し補充検査に合格した者である。

興味深いのは教育課目名が「柔術逮捕術」とされていることだ。よく知られているように講道館柔道は嘉納治五郎（かのうじごろう）（１８６０～１９３８年）によって創始された。

嘉納は現在の神戸市に生まれ、東京大学に学び、１８８２（明治１５）年に東京下谷（現・台東区）に道場を開いた。それまでの柔術、古武術を改良統合してスポーツとしての「柔道」を生みだした。

柔術はもともと武士の戦場での格闘術に起源があり、関節技や蹴り技までも含む攻撃中心のものでもあった。それをスポーツの域に高めようという改革だった。

しかし、憲兵の使う技としては、依然として格闘技の系統を引く「柔術」が採用されていた。相手の抵抗を排除し、制圧する。その術はスポーツである「柔道」とはおのずから違いがあって当然である。また、当時は手錠より、やはり軽量で扱いやすい捕縄を使うのが主だった。そこで被疑者と格闘し、制圧したら縄をかける技術が重んじられたのだろう。

戦後の警察と自衛隊警務隊の逮捕術

戦後の警察が採用している逮捕術は１９４７（昭和２２）年に始ま

る。警察大学校で「逮捕術基本構想」が起草されている。１９５７（昭和３２）年は、「体さばき」「突き」「蹴り」「逆」「投げ」を基本技に追加して改正された。

１９６７（昭和４２）年には、徒手の術技については日本拳法を基にし、警棒術技は剣道を、警杖術技は神道夢想流杖術を基礎として制定した。翌年には「逮捕術教範」が完成する。

これに対して警務隊の逮捕術は、その施術の目的が異なっている。警察官が被疑者とする相手は、多くが格闘技の訓練をしていない一般人である。

ところが、警務官の相手は、近接格闘の訓練を受けた経験がある自衛官や外国軍人で、当然、戦い方が異なる。術の即効性と威力が重視される。

１９９０（平成2）年、警務隊ではそれまでの「逮捕術」が改正された。現在の訓練内容は２００１（平成１３）年に、実践的な術に限定して改正されたものである。いずれの改定時にも、旧版に載っていた術については参考技として記載されている。

たとえば、「顔面突き大外落とし（大外刈り）」などがある。これは相手が顔面を拳で突いてくるところを外し、後方に倒す、あるいは膝裏に足をかけ、後方に刈り倒す術になる。

したがって、小平学校の最初の教育において、警察と同様に幹部・曹士を問わず、柔道初段（黒帯）以上を基準として取得させている。

警務隊逮捕術

1）逮捕術の技の区分

逮捕術と一般の格闘術には大きな違いがある。逮捕術は、法令に基づいて相手の自由を制限する術である。これに対して格闘術は、戦い、相手を倒すことを主旨とする。

逮捕術は、相手に与える危害を必要最小限度にとどめなければならない。しかも相手から攻撃、あるいは抵抗を受けた場合に、安全に、かつ効果的に制圧し、逮捕することを目的としている。

犯人の逮捕に際しては、通常は徒手で立ち向かう。しかし、相手が武器を所持していたり、凶器になるような物を使ったりする時には、警棒や警杖（けいじょう）を使う場合もある。したがって、警棒や警杖の操作にも警務官は熟達する必要がある。

警棒・警杖を正しく使うには「気」「棒（杖）」「体」の一致が必要とされる。必ず制圧してみせるという充実した気力、正確な棒（杖）の操作、そして堅固で確実な姿勢が、すべて欠けるところなく満たされなくてはならない。

警務隊逮捕術の技の区分は「基本動作」「基本技」「応用技」「捜検・施錠・連行」「参考技」の５種類である。参考技とは過去の型から実践的なものを紹介したもので、前述の「顔面突き大外落とし」や「蹴上げ大内刈り」が残されている。

２）逮捕術実施の心構え

使術（逮捕術を用いる）に求められるのは冷静さである。なぜなら相手に与える打撃は必要最小限度にとどめる必要があるからである。相手からの攻撃や抵抗の程度に正しく応じる柔軟性がなくてはならない。

また、相手を見くびってはならない。そういう安易な気持ちで制圧・逮捕にあたるのは最も危険である。相手の態度や、凶器の有無、人数や地形・地物を考慮し、臨機応変にこれらを自己に有利に役立つようにする。

間合いは相手を制圧し、相手の攻撃を外すのに最も都合のよい距離である。常に状況を考えて不用意に相手に接近してはならない。間合いは一定不変のものではなく、あらゆる条件で変わってくる。自分には自分の間合いがあるように、相手には相手の間合いがある。自分と相手の双方の身構え、体格、技量、武器の有無、位置、場所などさまざまな条件で異なる。間合いはいつも変わるものである。

3）「後の先」をとる

逮捕術では「後の先」を大事にする。普通、武術は「先」を取ることを善しとする。敵よりも速い太刀さばきや、拳の速さがあれば必勝といえる。ところが、逮捕術はまず相手の攻撃・抵抗があって初めて術を使うという不利な条件から始まる。そこで常に相手の動きの「後の先」を重視するのだ。そこには迷ったり、ためらっている時間はない。機敏に行動することが肝要である。

4）単独で不利と判断したら退避せよ

相手が多人数であったら、主だった者から制圧する。この時、複数の相手がすべて視界内にあるようにする。自身が単独で不利な状況にあったら、一時、退避することもやむを得ない。これは銘記しなければならない。

5）凶器は必ず打ち落とせ

相手が凶器を持っていたら、警棒を使って、まず凶器を打ち落とすことが必要である。泥酔しているように見える相手に不用意に対応してはならない。

6）気合いで圧倒せよ

時宜を得た気合い（発声）は相手の機先を制して、使術を容易にする効果がある。チャンスをとらえて、気力の充実した気合いをかけることで相手を圧倒する。また、自分の士気を高めることもできる。

7）残心を示せ

相手を完全に制圧し逮捕した後でも、相手の反撃があるかもしれない。それに直ちに対応できる心身の構えを残心という。油断することなく、相手の挙動や周囲の状況に注意すること、凶器を隠し持っている可能性があることも予想し、逃走・抵抗を未然に防ぐことが大切である。

警務隊逮捕術

（左から）岡本真典２曹、赤坂敏光１曹、村上光由准尉、徳岡真也１尉、須藤親弘曹長、畠山元気２曹。

（注）すべての技は足を揃えた「基本の姿勢」から始まり、「○○用意」の号令で各技の構えとなり、「始め」の号令で各技を実施、「やめ」の号令で元の基本の姿勢に戻る。

1 前さばき（体さばき1）

「基本の姿勢」から「前さばき用意」の号令で左足から順にすり足で一歩前方に進む。足幅は肩幅程度で、両手は自然に前に出す「正面の構え」となる。下肢は膝を少し曲げどっしりと落ち着かせ、上肢は肘を少し曲げゆった

①「前さばき用意」で「正面の構え」。手刀は親指を曲げて、その内側を人差し指の根元に。

②相手の右こぶしを右側に払う。

⑤引き手（左）はこぶしを作り、腰に構える。

⑥相手のこぶしを左側に払う。

りと、目付は正面に向ける。相手が右こぶしで顔面を突いてくることを仮想する。左斜め前方に入り身をしながら左手刀で相手の腕を打ち払う。右手は右腰でこぶしを作る「正面の構え」に戻る。相手が左こぶしで顔面を突いてくることを仮想し、右斜め前方に入り身しながら右手刀で相手の腕を打ち払う。

③右こぶしは腰につける。この際、右手を引いた交換作用を利用して払う。

④左足を引き、「正面の構え」に戻る。

⑦肘を少し曲げた状態で打ち払う。

⑧右足を引き、「正面の構え」に戻る。

2 後ろさばき（体さばき2）

相手が右こぶしでみぞおち（以下「水月〔すいげつ〕」と称する）を突いてくる時に左斜め後方に下がり、突きをかわす。右足を確実に引いて体をかわす。これを「開き身」という。左の手刀で、相手の腕を打ち払う。右手

①「後ろさばき用意」で正面に構える。

②右足を確実に引いて開き身になる。

⑤正面の構えにもどる。

⑥左足を確実に引き、右手刀で相手の左こぶしを払う。

は右腰でこぶしを構えて反撃に備える。続いて相手が左こぶしで水月を突いてきた時には、右斜め後方に開き身をしてかわす。右手刀で相手の腕を打ち払い、左手は左腰にこぶしを構える。

③左の手刀で相手の腕を打ち払う。

④右手は右腰にこぶしを作る。この際、打ち払う左肘は伸ばし過ぎない。

⑦左手は左腰にこぶしを作る。打ち払う右肘は伸ばし過ぎない。

⑧正面の構えにもどり、残心を示し、「正面の構え」に戻る。

3 前受け身（受け身1）

後ろから攻撃を受けた時の受け身。自分の頭を打たないことが最も重要である。顎を十分に胸に引きつける。前腕全体で畳を打つようにし、顔面、腹部、膝を畳に打ちつけないようにする。

①「前受け身用意」で正面の構え。

②両腕を顔の前で「ハ」の字にする。

③体を真っすぐに自然に倒す。

④両前腕部分と両つま先のみが畳につく。

4 後ろ受け身（受け身2）

前から倒された時の受け身。両腕全体で受け身をとる。腕と体の角度は約30～45度とする。膝を曲げ過ぎないようにすることが重要である。

①「後ろ受け身用意」で正面の構え。

②しっかりと顎を引き、へそ近くを見ながら腕を交差させる。

③足を前方に高く上げる。

④後頭部を打たないように両腕全体で受け身をとる。

5 横受け身（受け身3）

横に倒れる時の受け身。肘や背を強く打たないようする。腕と体の角度は約30〜40度とする。受け身した際に腹部をしっかり見続ける。足は肩幅と同じように開く。

①「横受け身用意」で正面の構え。

②右前方に両足を上げる。

⑤立って正面の構えをとる。

⑥目線は右手指をしっかり見る。

③体の左全体で大きな孤を作る。

④腕全体で横受け身をとる。後頭部を打たないように顎を引く。

⑦腕と体の角度は約30〜40度。左手は帯に軽く添える。

⑧両足は前方に上げる。

6 前方回転受け身（受け身4）

投げられた時に、前に回転する受け身である。円を描くように回り、横転にならないようにする。回転して立ち上がる時には、足を交差させてはならない。頭、肩、両足のかかとを畳に打ちつけないようにする。

①「前方回転受け身用意」で正面の構えから、指先を内側にして右足から進む。

②右手をできるだけ遠くにつくように左手を添える。

⑧左腕全体で畳を力強く打ち、その反動を利用して前方に立ちあがる。

⑦右手刀、前腕、肘、上腕、右肩から背中、左腰の順で畳につく。

③手首、肘、肩、背、腰の順に体全体で円を描く。

④腕と足の受け身は同時にとり、足を交差しない。

⑤いったん正面の構えをとり、基本の姿勢をとる。

⑥両手は小指の外側を前方に向ける。

7 片手外回し（離脱1）

相手に手をつかまれた際、相手の体勢を崩しつつ速やかに離脱する技である。相手の状況に応じて、当身、投げ、逆などの次の技に移行できる気構えで実施する。

①「片手外回し用意」の号令で互いに正面の構えとなる。

②相手が左手首をつかんでくる。

⑤手刀を内から外へ回す。

⑥左手刀で胸の前にして、左足を相手の右足外側に大きく踏み出す。

③左手で手刀、右手は拳をつくり右腰に構える。

④素早く右足を外側に一歩踏み出して入り身をする。

⑦左足に体重をかけ、手刀で相手の右肘方向に力を加えて体勢を崩す。

⑧さらに左足に体重をかけて一気に後方へ押し崩して離脱する。

8 片手内回し（離脱2）

相手に手首をつかまれた時に、相手の手首を返し、相手を前方に崩して離脱する。続いて相手の状況に応じて、当て身、投げ、押し、引き倒しなどの「制圧技」に移る気構えで行なう。

①「片手内回し用意」の号令で互いに正面の構えとなる。

②相手が左手首をつかんでくる。

⑤左手刀を立て、相手を後方に崩す。

⑥左手刀で孤を描くように回し、相手の右手首をきめる。

③左足を外側に一歩踏み出して入り身になる。

④つかまれた左手は手刀にして、外から内へ回すのに合わせる。右手はこぶしで右腰に構える。

⑦右足を左に移動させ、相手の左手首および肩をきめる。

⑧左足に体重をかけ相手の右手を手刀で下方に押し切る。

9 前突き（当身1）

相手の水月（すいげつ：みぞおち）を狙ってこぶしで突く技。親指以外の４指の第１節を手の甲と直角にする。親指の先は人差し指の第２指中節骨にかけて握る。打突の瞬間は人差し指と中指に力を集め、右、左の順で突く。

①左手はこぶしを作り、水月（みぞおち）の高さに出す。右手はこぶしを作り引きつける。

②手の甲を上にして手首を曲げずに一気に突く。膝は内側に締める。

③顎を引き、やや腰を落とし、前方を注視する。突いた時に肘を伸ばし切らない。

④引き手の引きと腰の入れを利用する。

10 手刀/てがたな（当身2）

相手の肩を打つ。親指を曲げて、その内側を人差し指の根元につける。肘を伸ばし切って打たない。右、左の順で打つ。

①「手刀用意」で正面の構えから、左手を出す。

②引き手はこぶしを作り、腰に構える。

③腰の反動と腕を効かして相手の肩に確実に当てる。

④引き手の引きと腰の入れを利用する。

11 肘当て（当身3）

後ろの相手の水月（すいげつ）を、腰をひねりながら肘で打つ。手をもってくる反動で突く気持ちで当てる。掌（たなごころ：手のひら）を上に向ける。腰は十分にひねる。右、左の順で打つ。

①「肘当て用意」で、正面の構えをとる。

②右手刀を作りながら、下から突き上げるように右肘を後方に出す。この時、腰を入れて相手の水月に右肘を当てる。

③さらに左手刀つくり下から突き上げるように腰を入れながら、相手の水月を左肘を当てる。

④前腕部が体側から離れないようにし、肘を相手の水月に当てる瞬間に手のひらを上に向ける。

12 前蹴り（当身4）

正面の相手を蹴り倒す技である。足先を十分に反らして、親指の付け根付近で相手の下腹部を蹴る。蹴る時は軸足のかかとを地に着け、上体を反らさない。右、左の順で蹴る。

①「前蹴り用意」で正面の構えから、軸足に体重を移し、蹴り足のかかとを引き、膝のタメをつくる。

②軸足のバネと腰の突き出しにより、足先を反らして親指の付け根付近で蹴る。

③相手から目を離さず素早く膝を引き上げる。

④膝から下をまっすぐに出す。

13 膝当て（当身5）

正面に立つ仮想の相手の両肩をしっかり握りながら、相手の上体を押し下げる。水月に膝を当てる。両手の引き付けと、膝を当てるのを同時にする。足指、足首を真っすぐに伸ばして当てる。右、左の順で当てる。

①「膝当て用意」で正面の構えになる。

②両腕を肩の高さに上げて、相手の両肩付近に置く。

③相手の両肩付近を前腕部で挟み込み引きつける。

④相手の上体を押し下げ、足の指先を伸ばして膝を水月に当てる。

14 背負投げ（投げ1）

相手が攻撃してくる力を逆に利用して投げる。投げが得意であっても、相手が刃物などを持つ場合には、まず刃物などを落としてから投げるようにする。不用意に相手に組みつくのは絶対に避けなくてはならない。ま

①「背負投げ用意」で互いに正面の構え。相手が右足を出して前襟をつかんでくる。

②右足を1歩相手の右足の一足長（いっそくちょう）前に爪先を内に向けながら踏み込み、右肘を内側からつかむ。

⑤自分の足元に近い位置に相手を投げる。

⑥左足を相手の頭上方向に出し、左手は相手の右手首をきめる。

た、倒した相手の肘は「矢筈（やはず）」の形の手できめる。「矢筈」とは箭（や）の最後部で弦を受け止める部分をいう。弦をしっかり受け止め、ずれないようにする形態をしている。親指とほかの4指でしっかりと押さえることができる。

③相手を前に崩しながら左足に体重をかけて、右足を軸に膝を曲げ180度回転する。背部を密着させる。

④密着させた上体を左前に曲げるとともに、膝を一気に伸ばす。

⑦手首をきめたまま、相手の右腕を引き上げ、相手の頭上方向に大きく左足を踏み出す。

⑧右手で作る「矢筈」で右肘をきめる。この時、相手の右手と体を一直線にし、右膝を相手の右肩甲骨付近に依託し上半身の動きを封じる。

15 大腰/おおごし（投げ2）

刃物などを持っていない相手を投げる。両膝を沈めて重心を低くとり、膝の伸展と体の前屈作用を効果的に使う。背負い投げが相手の肘を内側からつかむのに対して、外側をつかんで投げる。

①「大腰用意」で、お互い正面の構えから、相手は右足を一歩前に進めながら右手で左襟をつかんでくる。

②右足を１歩､相手の右足の一足長（いっそくちょう）前につま先を内に向けながら踏み込む。

⑤膝の反動と両手の働きで一気に投げる。

⑥左足を相手の頭上方向に出し、左手は相手の右手首をきめる。

③相手の右肘を外側からつかむ。

④右手は相手の後帯付近に添わせ、相手の腰を抱き寄せるように前方に崩し、背中・腰を密着させる。

⑦手首をきめたまま、相手の右腕を引き上げ、相手の頭上方向に大きく左足を踏み出す。

⑧右手で作る「矢筈」で右肘をきめる。この時、相手の右手と体を一直線にし、右膝を相手の右肩甲骨付近に依託。上半身の動きを封じる。

16 小手返し（逆1）

「逆」とは比較的小さな力で力の強い者を簡単に制圧できる効率的な技である。相手が自分の襟、袖口や手首などをつかもうとした、あるいはつかんだ時に使う。

①「小手返し用意」の号令で互いに正面の構えとなる。

②左足を相手の右足外側に大きく１歩踏み出し、手をつかむ。

⑤右手を相手の手の甲に添え、腰のひねりを効かせながら左脇を締める。

⑥相手の小手をへその下で返す。腰を入れ、小さく素早く返す。

③左手で相手の右手を親指方向から握る。

④親指は相手の薬指の付け根に当て、小指は手首関節の内側を強く握る。

⑦手首をきめたまま相手の右腕を引き上げ、頭上方向に大きく左足を踏み出す。

⑧右手で作る「矢筈」で右肘をきめる。相手の右手と体を一直線にして右膝を相手の右肩甲骨付近に依託する。

17 脇固め（逆2）

相手が抵抗しようと前襟などをつかんできた時、それを逆に取って、押さえ込む技である。手を取った時に相手が右肘を下げて抵抗する時は、右こぶしで顔面を殴打するか、膝下の向骨（むこうぼね：すねの正面の骨）

①「大腰用意」で正面の構えから、相手が右足を出して、右手で左襟をつかもうとする。

②右手を手前にして襟をつかんでいる相手の右手首をしっかり握る。

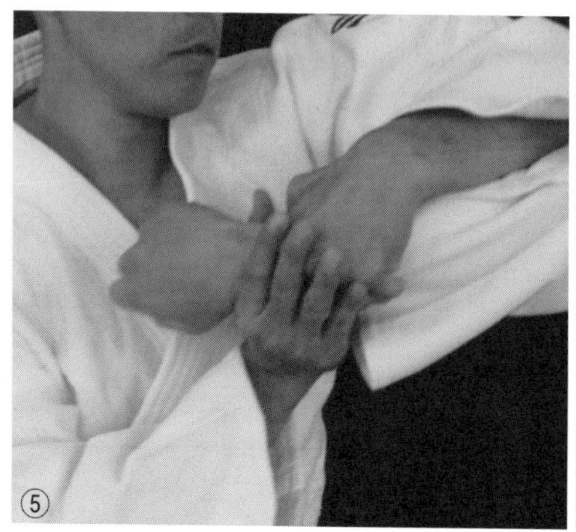

⑤左手で相手の手首関節を強く握る。

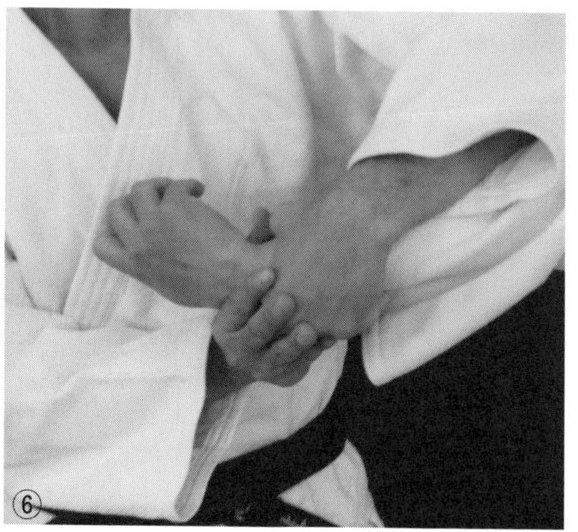

⑥右手を相手の手の甲に添え、腰のひねりを効かせながら左脇を締める。

を蹴ってひるむところを制圧する。

③しっかり握ったまま両脇を締める。

④右足を後方に、右足、左足の順に引く。素早く体を右に開き相手の上体を崩す。

⑦左脇に相手の右肘をしっかり挟み込む。

⑧胸を張り、相手の肘または腕をきめる。

18 下段打ち（警棒打ち1）

警務科隊員の装備には全長約60センチメートルの片手握りの警棒がある。肩や小手や水月などを打ったり、突いたりする。手、足、腰を一致して動作させることが重要である。相手が比較的短小な凶器、匕首（あ

①「下段打ち用意」で下段の構えとなる。

②右足を前方に踏み出しながら、警棒を左脇に構える。

③警棒を後ろにすることで体の陰になり、相手は間合いをとりにくい。

いくち）やナイフなどを持って攻撃、抵抗してくる時に制圧する。警棒の握り方はやわらかく、打突（だとつ）の瞬間に強く締める。打つ時は手首を十分に返さなければならない。

④相手の右肘を左下方向から打つ。左手はこぶしを作り左腰につける。

⑤左足、右足と後方に１歩引きながら警棒を右肩に構える。

⑥警棒を相手の左膝に腰を入れて打ち込む。

19 中段打ち（警棒打ち2）

相手に致死性の負傷を与えないように、頭部や顔面への打突を避けて、肩を打つ。無駄な動きをしたり、反撃の隙を与えたりしなように警棒を頭上で振り回さない。

①「中段打ち用意」で中段の構え。棒先は相手の眉間（以下「烏兎（うと）」）に向ける。

②右足を前方に踏み出しながら右肩上に警棒を上げていく。

③警棒を振り上げる。

④相手の左右の肩口を打つ。左手はこぶしをつくり、左腰上部付近に構える。

⑤左足、右足の順に、すり足で１歩後退し、警棒を右肩上に振り上げる。

⑥腰を十分に落として相手の左右の肘を打つ。

20 両手突き（警棒突き）

警棒を両手で保持して、その先端で相手を突く。左足を大きく前方に出し、上からねじこむように相手の水月を突く。棒の先端（棒先：ぼうさき）を生かすために、後端（棒尻：ぼうじり）は棒先より下の位置にす

①「両手突き用意」で両手の構え。警棒は体から約10センチ離し、体の中心から約30度傾ける。

②左腰を入れながら左足を大きく前方に出す。

③上からねじ込むように棒先で水月を突く。

る。次に右足大きく踏み出し、下からねじ込むように相手の同所を突く。

④続いて正中線を守りながら素早く両手の構えに戻る。

⑤両手の小指を離さないようにしっかり握る。

⑥両手の構えから右腰を入れながら、右足を大きく前に出し、腕ではなく、腰で相手の水月を突く。

21 本手打ち（警杖打ち）

警杖（けいじょう）とは全長128センチの木製の長い棒である。相手が刀やこん棒といった長大な凶器を持っていた場合、突き、払い、打ちなどにより、相手の戦意を失わせるために使う。左右の打ちや突くといった技

①「本手打ち用意」で本手の構え。警杖の先は相手の烏兎（うと）に向ける。

②左手の親指を杖から離し、右腕を肩の高さに上げながら左手で杖を後方に引く。

③左足を前方に１歩大きく踏み出しながら、右手を支点にする。両肘は伸ばしすぎない。

を連続的に行なう。本手打ちは相手に与える打撃が大きく、そのために慎重に行なわねばならない。

④頭上から警杖をしごくように振り下ろし、相手の左肩を打つ。

⑤右手親指を外し、本手打ちを行ない、相手の右肩を打つ。

⑥後方に下がりながら右・左の打ちを行なう。

22 返し突き（警杖突き）

相手が太刀などを上段（頭上）に構えた時、警杖の先で相手の水月を突き、相手の戦意を失わせる。

①「返し突き用意」で本手の構えをとる。

②左手の親指を外しながら警杖を自分の正中線にもってくる。右足の土ふまずを相手に向け腰をひねる。

③肩を右に開き一気に警杖を右体側につけるようにして前方に出す。左足を前に踏み出し、右腰を前方に切りながら右手で警杖をしごく。

④警杖の先は相手の水月を突く。

⑤右手の親指を外しながら警杖を自分の正中線に持ち、左足は土ふまず付近を相手に向け腰をひねる。

⑥右足を前方に一気に１歩出す。腰のひねりを効かして相手の水月を突く。

指導官の横顔

徳岡真也（とくおかしんや）1等陸尉

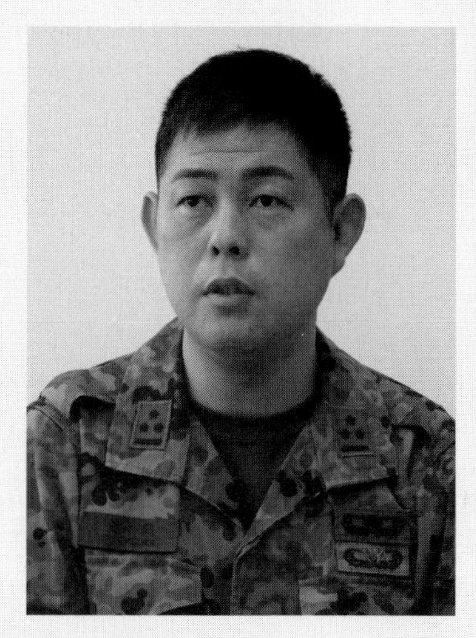

柔道3段、空手初段、銃剣道2段、短剣道（銃剣道）初段、上級格闘指導官

１９９９（平成１１）年、神奈川県武山駐屯地の第１１７教育大隊入隊。２００１年に小平学校で初級陸曹特技課程「警務」（ＭＰＥ）に入校し、逮捕術に出会い、２０１８年逮捕術指導官としての資格を取得、現在警務科部で逮捕術教官として年間約１２０人あまりの学生に課業中および課業外に逮捕術および柔道を指導している。学生は陸曹、幹部と多様だが、誰もが警務手帳を持つ立場（司法警察員）になるため、逮捕術の検定も合格しなければならない。

学生への要望について尋ねると、「逮捕術は技（形）が実践で使えるようにその技の理合いについて詳しく教えるようにしています。学生には、実践で使える逮捕術を修得し、自分や仲間を守れる警務官として自信を持って卒業してほしい」と締めくくってくれた。

村上光由（むらかみみつよし）准陸尉

銃剣道5段錬士、柔道初段、剣道初段、杖道初段、短剣道（剣道）3段、短剣道（銃剣道）3段、空手初段

１９８２（昭和５７）年に武山駐屯地の第１０５教育大隊に入隊。１９８２年８月に山梨県北富士駐屯地の第１特科連隊に異動し、特科で３曹に昇任した。１９９０（平成２）年に当時の業務学校で初級陸曹特技課程「警務」（ＭＰＥ）を修めて警務官となり、逮捕術との本格的な出会いは１９９２年のことだった。２曹になっていたその

頃、第7期逮捕術指導官集合教育に入った。もともと銃剣道では優秀な成績を収めており、全日本大会は言うに及ばず国体の強化選手にも指定された。

逮捕術の魅力を尋ねると、「相手の攻撃を受けてから、いわゆる『後(ご)の先(せん)』をとって自らの身の安全を図るというのが逮捕術です。まさに逮捕術は総合格闘技です」と答えてくれた。

指導官（警務科部最先任上級曹長）として、「自分の身を守りつつ、相手に対して必要最小限のダメージしか加えない技能が精神的支柱になるように」と学生には伝えている。

赤坂敏光(あかさかとしみつ)1等陸曹

柔道2段、銃剣道4段

１９９４（平成6）年4月、2等陸士として北海道帯広駐屯地の第４普通科連隊に入隊。その後、第５師団司令部付隊保安警務隊に異動する。１９９８年、東千歳駐屯地の第1陸曹教育隊で３曹になり、小平学校の初級陸曹特技課程「警務」（ＭＰＥ）で初めて逮捕術と出会った。

逮捕術を学ぶきっかけを聞くと、「自衛官としては小柄だったから、小さな体でも大きな相手を制することができる逮捕術に惹かれました」。後輩たちに対しては「たくさんの技を持っていなくてもいい。どれか1つ、これで相手を絶対に制圧できるという技と自信を持って欲しい」という。

23 片手取り小手返し（徒手1）

ここから応用技に入る。抵抗する被疑者を逮捕する際に、被疑者を制圧するため、基本動作や基本技を組み合わせた応用技を用いる。片手取り小手返しは、被疑者が手首をつかんで抵抗した場合、左に体を開いて、被疑者

①正面の構えから右足を１歩出し､相手の右手首をつかむ。

②相手の額付近を左手の甲で打撃し、つかまれた手を開き、相手の手にすき間をつくる。

⑤右足を左足に寄せるように出しながら右手の前腕部で相手の手を抑え込み、手首をさらにきめる。

⑥両脇を締めながら、そのまま相手の手首をきめて真下方向に倒す。

の右手首をきめながら真下に倒し、「矢筈（やはず）」で制圧する。その後、相手の体がうつ伏せになるように返し、右膝を相手の背中に乗せ、相手の腕を曲げて背中に持っていき、左でつかんでいた相手の手を反対の手と入れ替えて抑え込み、施錠に移行する（「32 前固めからの施錠」84ページ参照）。

③打撃した左手で相手の右手を小手返しの要領でつかんで手首をきめる。

④脇を締めて手鏡をつくりながら、相手の右小手をへその下付近で返す。この時、腰の返しも利用する。

⑦手首をきめたまま、相手の右腕を引き上げ、相手の頭上方向に大きく左足を踏み出す。

⑧「矢筈」で相手の右肘をきめる。この時、相手の右手と体を一直線にし、右膝で相手の右肩甲骨付近に依託。この形は体全体を動けなくする。

⑨小手返しを決めたまま、相手の手の指が自分に向くようにひねり、右肘が後ろ側になるようにする。

⑩肘関節を前に押し込んできめることで、相手が自らうつ伏せの方向に回る。

⑬相手の右肩方向から背中に右膝を押し当てて制し、置いた相手の右肘の内側に左手を入れる。

⑭相手の肘の内側に当てた右手で肘を曲げさせ、後ろ手にもっていく。この時、立てた左足の内くるぶし上部付近を相手の右肘上部に依託する。

⑪相手が回るのに合わせて相手の左頭部に右足を踏み出す。

⑫さらに左足を一歩踏み出し、うつ伏せ状態にする。

⑮左手できめている相手の手首を右手に持ち替える。

⑯相手の手を右手できめ、右膝で確実に抑え込む（前固め）。次の「施錠」に移行するため左手は手錠の位置に置く。

24 前襟取り脇固め（徒手2）

逮捕しようとした被疑者が抵抗して、前襟をつかんできた時には、右腕を脇に固めて制圧する。被疑者が自分の肘を下げて抵抗する時は、こぶしを顔面に当てたり、向骨（むこうぼね）を前蹴りしたりしてひるむところ

①相手が右足を１歩出しながら右手で自分の前襟をつかんでくる。

②相手の右手首付近を両手でつかみ、腰を左に返す。

⑤手首を持ち直して、相手の腕を前方に回しながら前方に崩す。

⑥相手の腕と肩口を持ったまま前方に倒してうつ伏せにする。

を制圧する。

③右足、左足、右足の順に下がりながら相手を崩し、左腕を相手の右肘に添わせるようにして脇に抱え込む。

④相手の腕を脇に抱え、相手の肘または腕をきめる。

⑦両足で相手の右腕を挟み、両膝は相手の背中に乗せる。

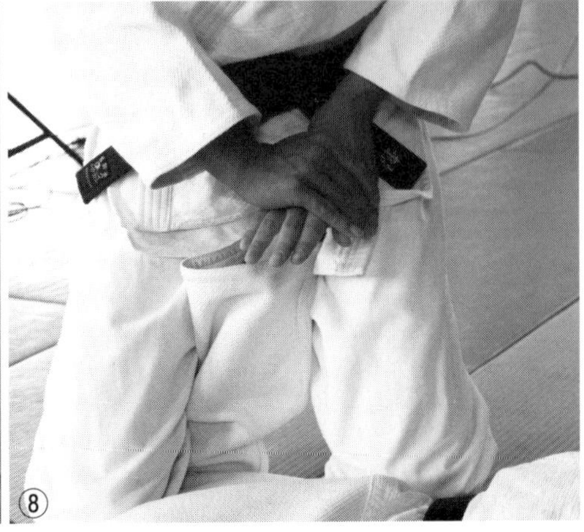

⑧両手で右手首をきめる（横固め）。両足で確実に相手の腕を締め、両膝に体重をかけて制圧する。

25 後ろ襟取り腕固め（徒手3）

被疑者に後方から襟をつかまれたら、その引っ張る力を利用して、右足を軸に振り向くように体を回転させ、手刀で被疑者の右手を制し、水月に当て身して肘関節をきめて引き倒す。

①相手が右手で後ろ襟をつかむ。

②右足を軸にして振り向くように体を回転する。

⑤左手を下から回して相手の右肘外側を固め、肩と首で手を挟み、肘をきめる。

⑥そのまま前方に引き倒し、相手の前腕部を左側の首で挟みながら肘付近を右手で上から押さえつける。

③左手刀部で相手の右腕を制しながら、右手で突きの構えをとる。

④相手の水月に突きの当て身をする。

⑦両足で相手の右腕を挟み、両膝は相手の背中に乗せる。

⑧両手で右手首を固めてきめる（横固め）。両手両足で確実に相手の腕を締め、両膝に体重をかけて制し、施錠に移行する。

26 警棒取り小手打ち（警棒1）

被疑者が警棒を奪おうとしたら、その引く力を利用して入り身する。右足を踏み込んで、左手で警棒の先端近くを握る。棒の先は約4センチ残して、被疑者の右前腕部に押し当て、右手を上に左手を下にして圧する。警

①相手（左）が正面の構えをとったら、警棒を下段に構える。

②相手が警棒の中央付近を右手で握ろうとする。

⑤上体の安定を保ちながら、左手で警棒の先を握って押し下げる。

⑥背後に回ったら、警棒の先を相手の前腕部に押し当てる。

棒を奪い返したら離れて被疑者の右小手を打ち、戦意を喪失させる。

③相手はつかんだ警棒を奪うために手前に引こうとする。

④相手が警棒引くのに乗じて、右足を大きく踏み込む。

⑦右手を上に、左手を下に力を入れて圧し、相手の手から警棒を奪い返す。

⑧後方に一歩下がって相手との距離をおき、その後一歩前進して相手の右小手を打つ。

27 突掛け小手返し（警棒2）

被疑者が短刀で突いてきたら、体をかわして短刀を打ち落とす。水月を突くなどして動きを止める。または警棒を使って「小手返し」の要領で被疑者をきめ倒す。相手をうつ伏せにする際や最後に制圧する際にも警棒を

①短刀を下に構える相手に対し、中段に構える。

②相手が踏み込んで、短刀で突いてくるのを体をさばいてかわす。

⑤相手の右手を小手返しして、警棒を握った右手の拳と警棒で相手の甲に押し当てる。

⑥そのまま「小手返し」を続ける。

活用する。

③振り上げた警棒で相手の短刀を打ち落とす。

④左手で相手の右小手を上から「小手返し」の要領でつかむ。

⑦相手を自分の近くにきめ倒す。

⑧左足を相手の頭の方向に踏み出しながら、右肘に警棒を直角に当てる。

⑨相手の手首をきめ、警棒を右肘に当てながら右足を相手の頭上方向に一歩踏み出す。

⑩手首をきめたまま、警棒を右肘に強く当てて圧する。警棒を当てる位置は握った手元の近く。

⑬相手の右肩方向から背中に右膝を押し当て、相手の右肘の内側に警棒を当てる。この際、自己方向に警棒の先が向くようにして当てる。

⑭右肘に押し当てた警棒を利用して相手の肘を曲げ、後ろ手にもっていく。

⑪「23 片手取り小手返し」と同様に肘関節を前に押し込んできめることで、相手は自らうつ伏せ状態に回転する。

⑫右足を一歩踏み込み、相手をうつ伏せにする。

⑮警棒の握りを素早く変えて吊り紐を相手の右手首に通して動きを封じる。その際、立てた左足の内くるぶし上部付近を相手の右肘上部に依託する。

⑯警棒の吊り紐を親指にかけたまま、相手の右腕ときめた左手の間に右手を通して、吊り紐で相手の右手を固定。警棒を上にあげて相手の右手をきめる。

28 前襟取り小手投げ（警杖1）

抵抗する被疑者が近距離からつかみかかってきたら、警杖で被疑者の手首を固めると同時に、警杖の先を頸部に押し当て倒す。

①相手（左）が前襟をつかんでくる。

②つかんでいる相手の右手下から素早く警杖を回転させる。

⑤両手で相手の右手首をきめながら腰を落とす。

⑥警杖の先を相手の左頸部に当てつつ、右足を踏み出しながら回転する。

③左手を胸元で交差させるように反対側に持っていく。

④警杖を横に回転させ、左手で杖先を握り、相手の右手首を上から圧する。

⑦手首をきめられ左頸部を圧せられた相手はたまらず転倒する。

⑧投げたあとも手首をきめたままの状態を維持する。

⑨手首のきめをゆるめずに腰を落として相手の動きを封じる。

⑩左足を相手の顔面の前に１歩出す。

⑬右膝を相手の右肩に置いたまま、警杖を肘の外側に押し当て右手を延ばす。

⑭相手の肘関節を曲げてきめる。右膝は背中（第３胸椎）に移動して圧する。

⑪左足を軸に右足を引きつけながら回転し、相手をうつ伏せに持っていく。

⑫右足に体重をかけて動きを封じながら左手で相手の手首をつかむ。

⑮右手で警杖の中央付近を相手の右手首の内側に当てる。

⑯相手の右腕ときめた左手の間に右手を通して、警杖を上にあげて相手の右手をきめる。

29 水月/すいげつ（警杖2）

長剣（太刀）を持って向かってくる被疑者に対しては、警杖の長さを活かして、「突き」と「引き落とし」で被疑者の戦意を奪う。

①相手（右）が正眼の構えから八相（はっそう）の構えになるのに対し、警杖を水平にした常の構えになる。

②相手は一足一刀（いっそくいっとう）の間合いから上段に振りかぶる。

⑤水月を突かれた相手はたまらず後方に後ずさる。

⑥右足を右斜め後方に大きく引いて引き落としの構えをとる。

③相手は右足を踏み込みつつ、天倒（頭頂部）に振り下ろそうとするのに対し、右斜め前方に踏み出す。

④相手の太刀をかわして腰を入れ、警杖を右手首の締めを利かせて、水月を押さえるように突く。

⑦左足に体重をかけながら間合いを詰め、引き落とし打ちをする。

⑧さらに前に圧力をかけ、警杖を相手の烏兎（眉間）に合わせて動きを封じる。

30 斜面/しゃめん（警杖3）

長剣（太刀）を持った被疑者が斬りかかってきたら、逆手で握った警杖で左上腕を右斜め下から打つ。それでも抵抗する被疑者に対しては「返し突き」で水月を突いて制圧する。

①相手（右）が正眼の構えをとるのに対し、基本の構えをとる。

②相手が左足を前に八相の構えをとるのに対し、常の構えになる。

⑤打撃後、相手の太刀の動きで次の動きを察知してこれに応じて行動に移す。

⑥相手が下がって上段の構えになろうとした時、右足を返して腰をひねり突きの構えをとる。

③相手が上段に構えるのに対し、警杖の先を左手で逆手に握る。

④相手が太刀を打ち下ろすのを右にかわし、逆手のまま左肩を打つ。

⑦相手が完全に構える前に、左足から大きく踏み込む。

⑧滑らすようにして警杖の先端で相手の水月を突く。

31 両手上げ（捜検）

ここからは被疑者を制圧した後に行なう「捜検」「施錠」「連行」になる。捜検は両手を上げさせ、あるいは壁や塀などに寄りかからせて行なう。自分の位置は被疑者の背後、または斜め後ろにする。状況に

①互いに正面の構えになる。

②身構えると同時に「両手をあげろ！」と厳しく命じる。

⑤構えを崩さず、相手の動きに対応できるようにする。

⑥身構えながら相手の右斜め後方に移動する。

よっては、右手に警棒を持ち、左手で行なう。

③続けて「足を開け！」と命じる。

④利き腕を制する方向から相手の背後にゆっくり回り込む。

⑦相手の背後に位置する。

⑧「手を組め！」と命じ、頭の後ろで両手を組ませる。

⑨背後から左手で相手の両手の四指をつかむ。

⑩左足を相手の右足内側に当て、右斜め後方に立つ。

⑬相手の左足を大きく広げて抵抗力を減じる。

⑭右足を相手の左足内側に置いたまま左手で上から下へ左半身を捜検する。

⑪相手の右足を大きく広げて抵抗できないようにしたら、右半身を上から下に身体捜検する。

⑫相手の両手を中央で持ち替える

⑮捜検を終えたら後方中央に戻る。

⑯構えを維持しながら、被疑者との距離をとる。

32 前固めからの施錠

逃走、抵抗や自殺などを防止するために手錠をかける。手錠には2つの輪があり、一気にかけられるように、手首などに圧し当てれば、すぐに作動するように調整されている。「23 片手取り小手返し」

①前固めの状態から素早く手錠をを出す。

②右手で小手返したまま、左手で手錠を相手の右手首にかける。

⑤両手を軸に相手の体を右にひねる。左膝は左腰横付近につけ、右足は膝を立て内くるぶし上部相手の右肘を依託する。

⑥相手の両脇に両手を差し入れ、「足を組め！」と命じて左に回転させるようにして胡坐（あぐら）を組ませる。

（58ページ）で被疑者を制圧したのちに、施錠する技である。

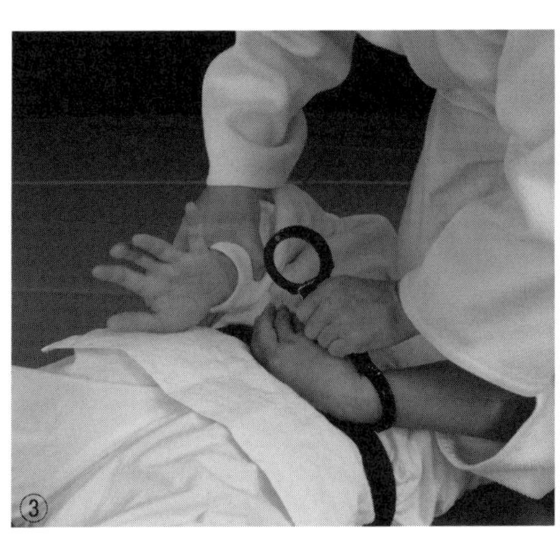

③続けて「左手回せ」と命じ、左手後ろに自らもってこらせて、もう一方の輪を小指方向から左手首にかける。

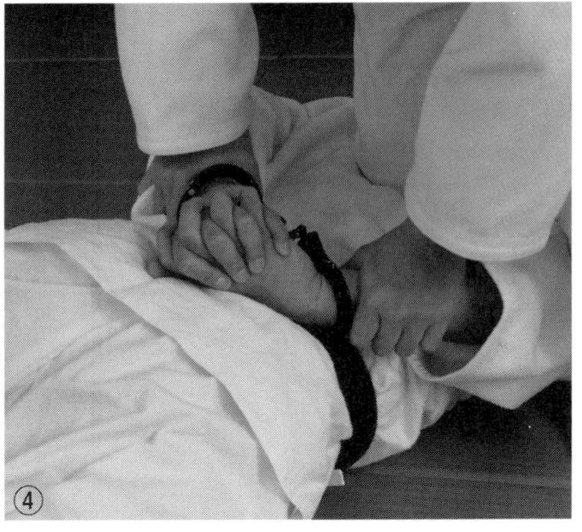

④一気に手錠をかけ、相手の前腕部を両手で体重を乗せて抑え込む。この時「手を組め！」と命じて五指を組ませる。

⑦「立て！」と命じて両肘を張るようにして前方に押し立たせる。左手で後ろ襟、右手で肘付近をつかみ、「足を開け！」と命じて自己の左足で相手の右足内側を払って開かせる。

⑧左足を相手の右足内側につける。

33 後ろ小手取り（連行1）

連行とは確保した被疑者を護送する行為である。状況によって、縄や手錠といった戒具（かいぐ）の使用ができない場合や、戒具を持っていない時は、相手の肘や手首などを逆にきめて連行する。

①互いに正面の構えになる。

②左足を開いて相手（左）の右手に手を伸ばす。

⑤素早く左手で内から相手の肘をかけて、両手で持ち上げるようにして右足を出す。

⑥右足を軸にして背後に回る。

この「後ろ小手取り」は正面に立つ被疑者を確保する時に用いる。

③相手の右手首を手の甲を上にしてつかみかかる。

④手首をきめながら、左手で相手の右肘を外からつかむ。

⑦左手で相手の左肩部分を引き付け、右手で右肘をさらに上げてきめる。

⑧右手首をきめたまま後ろ襟と右腕をしっかり引きつけ、反撃などされないように連行する。

34 腕取り（連行2）

「33 後ろ小手取り」と同様に、正面に立つ被疑者を確保する時に用いる。

①互いに正面の構えになる。

②右足を一歩踏み出し、相手（右）の右手首を脈所（手首の内側）方向からつかむ。

⑤右襟をつかんだ左腕を利用して、手首をつかんだ右手を内側に絞る。この時、相手の右肘を左腕にかける。

⑥左手はしっかり伸ばし、腕をゆるめることなく相手の右後方に体を移動する。

③右手首をつかんだまま右足を軸に正面を向き、左手を相手の内懐に伸ばす。

④左手の肘を伸ばして相手の左奥襟を素早くつかむ。

⑦手首をつかんだ右手をさらに内側に絞りつつ左腕にかかった相手の肘を右手で下げてきめる。

⑧右手は内、左手は外に雑巾を絞るようにしてきめつつ、相手を前進させて連行する。

現役自衛官が語る「警務隊」の素顔

ここでは「警務科」に所属する現役自衛官にそれぞれの仕事・任務について語ってもらおう。警務隊といっても、その仕事は広範にわたる。

まず、部隊のあるところには必ず警務官がいる。陸上自衛隊の駐屯地、航空・海上自衛隊の基地にはもちろん、海外への派遣活動に出かける隊員の中にも必ず警務官が編成内に入っている。

自衛隊に関心があり、基地や駐屯地の部隊行事を見に行った人は、白いヘルメットをかぶり、黒地に白い字で警務と書かれた腕章を着けた警務官を見たことがあるだろう。あるいは、要人の警護に白いジープや白バイに乗って行動する警務官に気づいただろうか。そして災害派遣現場でも注意深く見れば、迷彩服に白ヘル、黒腕章で交通統制などに活躍する警務官がいることに気づくだろう。

警務隊の活動の中で、最もメディアに登場するのは赤坂の迎賓館での国賓への儀仗（自衛隊では「儀じよう」と表記）であろう。これは東部方面警務隊第３０２保安警務中隊の隊員だけの任務である。

第2師団および旭川駐屯地創立記念行事支援において観閲官車両の誘導警護任務を行なう警務隊。

戦前の陸軍憲兵のことを世間では、軍隊のお巡りさんと言っていた。自衛隊警務官は現在も同じくミリタリー・ポリス（ＭＰ）という。自衛隊の中の警察官である。しかし、その実際の姿は、隊員の間でもなかなか知られていない。

石原佳宏（いしはらよしひろ）１等海尉

1979（昭和54）年生まれ

海上自衛隊警務隊本部捜査科

■海上自衛官は仕事の幅が広い。艦船運航にあたる航海・船務、機関や戦闘の主役である射撃、水雷、機雷掃海、通信・電子、気象・海洋、潜水以外に航空関係の飛行管制、航空整備と幅広い。ほかにも後方支援の衛生、経理・補給、音楽、情報、施設、艦船整備、電計処理、そして法務、警務などの職域があり、およそ５０種類もある。警務職域の隊員は、艦艇部隊、基地ごとに配属される。艦・部隊内の治安、規律の維持のほかに海外に派遣される艦艇には乗り組んで任務にあたる。

●海上自衛官になったきっかけと経歴

海上自衛隊の白い制服にあこがれて大学を中退して、舞鶴教育隊の第２６期一般海曹候補学生になりました。それが平成１３（２００１）年3月のことでした。入隊後に応急工作員、つまり艦艇に被害があった時のダメージ・コントロールを担当する乗員となりました。

護衛艦に乗り、アメリカにも行き、サン・ディエゴで米海軍のダメージ・コントロールの講習も受けました。砕氷艦「しらせ」にも応急工作員（機関科）として乗り組み、平成１６年から１８年までの第４６・４７次南極観測支援に従事しました。

●さまざまな捜査方法を駆使する

警務官になったのは、平成１９（２００７）年5月のことでした。警務官になろうと思ったのは、乗艦していた艦内で窃盗事件がありました。その現場で捜査にあたった警務官の姿に感銘を受けて志望しました。これは職務のやりがいとも関わりますが、警務官はさまざまな捜査方法を駆使して、事実を究明していきます。また、自衛隊以外の機関、警察などとも交流があることも魅力です。狭い社会の中だけでいるより刺激があります。

●艦内で「内向き」は２人だけ

ソマリアの海賊対処行動派遣で、臨時勤務として第３次、第３１次の２回、随伴警務官として任務についたことが思い出です。これは隊司令の直属となって２名（幹部と海曹）で行きました。

しかし、海賊対処がミッションなので、艦内の全員がそのことへの対応とか任務のことを考えているのです。その中にあって、我々２人だけが違っている。艦内で事件があったら出番があるということですから、いわば「内向き」の態勢にあるわけです。

その点でほかの乗員たちとは意識の面などで距離がある。そこを理解してもらえるよう、常に気づかいをしていました。

また、海外派遣では頼る人がいません。第３次では海曹として、第３１次では幹部として行きましたが、幹部となって行った時には１人で判断を下すことになります。初動捜査などで何から始めるか、効率的に捜査するためにはどうするか。これはずいぶん自分を鍛える機会になりました。

狭い艦内ということですが、それでも甲板を走る。護衛艦の飛行甲板を利用して、そこで筋トレをするなどをしました。非番の時は体力練成に励むのが習慣でした。

●警務官に向くのは愚直な人

警務官に向いているのは前向きでどんなことにも好奇心を持てる人です。艦内には、多くの人間が暮らすためのインフラがすべて揃っています。また、通信機器などさまざまな物があります。これらがどこにあって、どう使うか、どんな機能をもっているか、貪欲に知ろうとする。さらには愚直な性格が必要だと思います。捜査というのは無駄な作業が多いのです。その作業をとにかくやってみて真実を追求する。そうしたことを黙々と続けられる。そういった資質が求められます。

河田一起（かわだかずき）２等陸佐

昭和５２（１９７７）年生まれ

陸上自衛隊警務隊本部企画訓練科長

■自衛隊警務科の隊員は陸・海・空曹以上が基本である。原則として全員が司法警察員の資格をもつ。司法警察職員は単独で犯罪捜査ができ、検察官のもとへの起訴手続きを行なえる。警察官の階級では巡査部長以上である。だから警務官としての初任階級は３等陸・海・空曹以上になる。選抜された隊員は陸上自衛隊小平学校警務科部で初級陸曹特技課程「警務」（ＭＰＥ）を履修する。

幹部も同様である。一般大学や防衛大学校を出て幹部候補生に採用された者のうち、幹部候補生学校で警務に職種を指定された者は、普通科（歩兵）連隊で隊付の後に警務科幹部の初級課程（ＢＯＣ）、幹部警務官課程（ＭＰＯ）を修了しなければならない。

企画訓練科は警務隊の組織、定員、定数、配置などの事務、運用についての企画、立案、教育訓練について、ほかの科の所掌（しょしょう）に属しない計画に関することの事務を行なっている。科長を務める河田２佐は豊富な海外体験も持ち、見識も豊かな幹部である。

●実戦・実務を行なう警務隊

防衛大学校の機械工学科を出て、平成１２（２０００）年３月に陸曹長に、翌年、第３６普通科連隊で小銃小隊長を務めました。防衛大学校などを卒業した警務科幹部は普通科連隊に隊付勤務します。警務幹部の課程に入校し、平成１４（２００２）年１０月に警務官になりました。

志望した理由は、犯罪捜査、PKO（国際平和維持活動）などで、いわば実戦、実務にあたっているのが警務科だからです。また、幹部候補生当時に職種説明に来られた警務隊幹部の方の厳正、かつ凛とした態度に憧れを感じたからということもあります。

●MP（ミリタリーポリス）の絆

海外派遣を多く経験してきました。デンマークのPKOセンターで国際連合憲兵課程も研修し、兵站組織の中での憲兵の仕事を学びました。犯罪捜査や情報収集だけではなく、セキュリティーや暴徒鎮圧なども教育を受けました。そこで感じたことは、各国から派遣されたMP（ミリタリーポリス）同士の親近感というか、すぐに仲良くなれたことです。表現は悪いのですが、軍人同士でもMPは敬遠されがち、そういった仲間意識があるのでしょうか。それは平成１７（２００５）年の第８次イラク復興支援警務派遣隊に行った時も思い出があります。米軍の憲兵指揮官に挨拶に行った時のことです。アポイントもなくいきなり行ったにもかかわらず、相手はにこやかに迎えてくれました。

●外国軍や外国人にとってMPの存在は重い

やはりイラク派遣の時のことですが、イラク人の労働者とのあいだで、彼らの不満や小さな行き違いなどからトラブルがあると、やはり現地の警備員が対応したのでは収まらない。そこへ我々警務官が行くと、それだけで事態が穏やかになるということが何度もありました。ゴラン高原への第２４次隊派遣時も、外国人や外国軍人にとってMPの存在は重いということを実感しました。

基本的にMPは軽武装です。しかし、我々は「透明な盾」を持っている。その盾を通してお互いに相手が見える。その方が鎮圧する側も、される側も気持ちがエスカレートしない。その盾をどのように使うかが大切だと思います。

●自衛隊と警察、進路に迷う人に

平成２２（２０１０）年には京都地方協力本部で募集班長も務めまし

た。若い人の中には自衛隊にしようか、警察にしようかと迷っている人もいるでしょう。あるいは警察に行くつもりでも自衛官になった人もいると思います。そうした方には警務官をお勧めします。自衛官であり、警察業務も行なう。それが自衛隊警務官です。また、警務科では一人ひとりが自分の意見をもって行動します。上司と部下の関係、幹部と曹の立場の違いがあっても、決して一方的にはなりません。自分の意見を堂々と述べる、その人なりの考えを大切にしてくれる……そういった体質が職種のカラーとして定着しています。ぜひ、自ら考え、自ら行動できる人に警務官になってもらいたいと思います。

大坪三修（おおつぼみつのぶ）3等陸佐

昭和45（1970）年生まれ
陸上自衛隊警務隊保安科保安班長

■警務隊の仕事は、大きく分けて「捜査」と「保安」に分かれる。捜査は司法警察業務のことをいい、犯罪の捜査、被疑者の検挙などを行なう。これに対して保安科の職掌はあまり目立たない。交通統制や要人警護を行なうのが保安業務である。

駐屯地の記念式典会場や駐車場への誘導、交通統制などで白いヘルメットの警務官を見ることがある。あれは部隊長（駐屯地司令を含む）などの要請を受けての保安行動にあたる。ほかには犯罪の予防、規律違反の防止など、犯罪統計に関することなどが保安科の任務である。

●きっかけは新隊員前期教育の説明会

自衛隊入隊は昭和６３（１９８８）年３月です。高校を出て一般陸曹候補学生として、神奈川県武山駐屯地の第１１７教育大隊に入りました。父が防衛省事務官でしたから自衛隊は身近でした。前期教育の職種説明会で警務科の話を聞き、ほかの部隊にない仕事だと思い志望しました。後期教育は北海道東千歳駐屯地の第一陸曹教育隊で受けて、帯広の第４普通科連隊で小銃手などを務め、平成２（１９９０）年３月に警務科部隊へ進みました。

●正義感が強すぎないほうがいい

正義感が強すぎると独善的になりがちです。捜査でも、警護でも、警務官の仕事はチームで行ないます。少数分散配置といって、１人から３人で行動します。そういう環境ですから、俺が、私がという意識の強い人には向かないのです。縦・横をしっかり見ながら仕事ができる人がいいですね。

同時に、柔軟で機転が利かねばなりません。たとえば、事件や事故の事情聴取をします。調べる相手を尋問している時に、これだと閃(ひらめ)いたらそこに導いていく。そうしたツボがあります。それを見逃さない。聞きのがさないという機転です。どうしても捜査する過程で対象者から必要なことを訊ける人と訊けない人がいます。その能力の違いは、この機転を利かせることができるかどうかだと思います。

●感謝されるとやる気が出る

支援した部隊や事件関係者から「ありがとう」と言われるのが最もやりがいを感じる時です。規律を守らせる職務ですから、煙たがられたり、敬遠されて当たり前ですが、時には感謝されることもあります。何か任務を終えた時、「ありがとう」と言われることほど嬉しいことはありません。

思い出に残るのは、米、韓、豪、インドなど２２か国の陸軍種のトップが集まった国際会議で、２週間にわたって帝国ホテルに宿泊して警護支援をしました。緊張しましたが、とてもやりがいのある任務で、いい思い出です。

籾田康治陸曹長

（もみた やすはる）

昭和５２（１９７７）年生まれ
陸上自衛隊警務隊本部捜査科
捜査陸曹

■警務隊の仕事として、司法警察業務いわゆる捜査がある。犯罪の捜査、被疑者の取り調べ、検察官への起訴書類の作成、送付などが主な仕事になる。警務隊本部の捜査科は、犯罪記録、情報、秘密の保全、犯罪の鑑識および鑑識器材の整備や保管も所掌している。

捜査にあたっては、事件の規模にもよるが、ふつう少人数でチームを組んで真相の究明に努めている。

●陸曹候補生第一次合格から

平成８（１９９６）年に高校卒業。サッカーに打ち込んだ３年間でした。いずれ後継者になるべく薬局でアルバイトを１年間。そのお客様の中に自衛官のサッカー・クラブの監督がおられて、いっしょにサッカーをやりたいと思い、平成９年３月に任期制隊員（２士）として国分駐屯地（鹿児島県）に入隊しました。その後、北熊本駐屯地の第８特科連隊で勤務しましたが、結婚したこともあり、早く陸曹になって生活を安定させたいと思いました。野戦特科ではなかなか陸曹になりにくいので、陸曹候補生の１次試験に合格した時に、警務科への転科を希望しました。相浦駐屯地（長崎県）の第五陸曹教育隊、その後、小平学校（東京都）で教育を受け、警務官になったのは平成１４（２００２）年のことです。

●チームワークでの達成感

初めて捜査をしたのは平成２０（２００８）年７月、臨時勤務をした時です。ちょうど警務隊の一元化ということで、それまでの保安部隊と捜査部隊が統合されました。

保安部隊は交通統制をしたり、犯罪の予防などをするのが主任務です。

捜査部隊はこれに対して、事件捜査などが主な仕事になります。当時、これらが一体化されて、隊員はどちらもできるようになりました。そんな時に事件が発生したのですが、保安部隊から来た者は捜査経験が少ない者ばかりでした。被疑者は前科二犯の部外者で、事件後、他県に転居していました。自衛隊法第９６条第１項第２号により、自衛隊の施設内における犯罪について捜査する権限を有しており、被疑者は正当な理由がないのに駐屯地内に侵入し、隊員から身分証明書を騙し取った建造物侵入および詐欺事件でした。それを指揮官以下みんなで協力して、捜索・差押え（ガサといいます）をして逮捕に至りました。この事件捜査は私にとって貴重な経験となりました。

●アンテナを高く上げられる人がいい

自分の捜査結果に自信を持つことも大切ですが、ほかの捜査結果との矛盾や違いに気づける人がいいですね。意見の相違に配慮しながら整合が図れる人、他人の言動に高くアンテナを上げて感性が敏感な人が警務官には向いています。自分なりのポリシーをしっかり持ちながら、さまざまな事象に柔軟に対応できる人が望ましいと思います。

中村典央（なかむらのりお）1等陸曹

昭和５２（１９７７）年生まれ
陸上自衛隊警務隊本部企画訓練科
情報陸曹

■部隊を運用するには、どこにどの程度の規模の部隊を行動させるかを判断する必要がある。そのためには、正確な情報の迅速な収集・分析、提供が欠かせない。警務隊本部で方面警務隊の運用などを担当する企画訓練科も、部隊運用のための情報業務を行なっている。

中村１曹はここで情報陸曹を務めている。情報は多岐にわたる。災害派遣時の被災状況や部隊状況などの情報を収集・分析するには、現場での経験や幅広い知識が必要とされる。

●保安中隊のファンシー・ドリルに憧れて

平成７（１９９５）年３月に任期制隊員（２士）として日本原駐屯地（岡山県）の第１３特科連隊の教育隊に入りました。当時、駐屯地の記念行事で伊丹の中部方面総監部の隷下だった第３０４保安中隊によるファンシー・ドリルを見たのが警務官希望のきっかけでした。あの小銃を華麗に操る演技です。陸曹候補生になった時、警務官の募集があると聞いて希望を出しました。警務官になったのは平成１２（２０００）年のことです。

●災害派遣で感謝された

特に要人警護はやりがいを感じますね。任務の失敗は、自分や部隊の失敗だけではなく、陸上自衛隊の失敗になってしまう。完璧にできて当然なので、失敗するわけにはいきません。だから、任務を終えた後は、いつも大きな達成感があります。

交通統制も保安業務の重要な仕事です。２０１１年3月１１日の東日本大震災の時でした。災害派遣の当初は、春日井駐屯地（愛知県）から岩手県大槌町に仮設トイレを輸送する仕事で、同地への往復をくり返しました。3月末頃から交通統制の業務につきました。住民や派遣された各部隊、被災地に入る民間車両の交通整理、事故処理などです。あの時は、多くの人たちに「助かった」「ありがとう」と感謝されました。

●雑学の持ち主になれ

好奇心が旺盛であることが要求されます。まず、ほかの職種のことも知らねばならない。その装備品や物品は何に使うのか、どのように使うのか、なぜそうなるのか、その職種の隊員はどうしてそう考えるか、これらすべてを知らなければなりません。捜査をする時には、相手の言ったことを鵜呑みにはできない。知識があれば、相手の言葉の矛盾点がわかります。発言の裏付けをとる時、たとえ浅くても広い知識が必要です。だから、なに？なぜ？をいつも考えられる人が警務官には向いています。

清水詩織（しみずしおり）３等陸曹

昭和６２（１９８７）年生まれ
陸上自衛隊中央警務隊
第１班警務陸曹

■中央警務隊の「中央」とは市ヶ谷駐屯地を指す。３つの幕僚監部、すなわち陸上・海上・航空の各幕僚監部をはじめとして、防衛省、情報本部、防衛施設庁などに陸海空自衛隊員が勤務している。その多数の人員、施設などの秩序維持にあたるのが中央警務隊である。

防衛秘密の漏洩やサイバーテロなどの特殊犯罪捜査任務もある。清水３曹は数少ない女性警務官だが、逮捕術の能力向上に努めたいという。

●自衛隊は怖いところと思っていた

高校を出て、保育科のある短期大学を卒業しました。その後、１年間公務員学科がある専門学校で勉強し、平成２１（２００９）４月に一般隊員として滋賀県の大津駐屯地の第１０９教育大隊に入隊しました。その後は、愛知県の春日井駐屯地にある第１０施設大隊で勤務し、陸曹になるために警務科を志望しました。警務科の存在は身近な先輩が警務科へ職種変更をしたことから初めて知りました。入隊するまでは、自衛隊は厳しい訓練や、また武器も扱ったりすることから怖いイメージがありました。

実際に入隊してみると、教育や訓練を通して同期との絆が深まり、多くの仲間ができ、今は充実した時間を送っています。

警務官を拝命したのは、平成２７（２０１５）年６月です。当初、第１３３地区警務隊（香川県善通寺駐屯地）に勤務し、同２８年に市ヶ谷の中央警務隊に移り、今は現職において、一般犯罪捜査および防犯活動を行なっています。

●逮捕術指導官を目指して

ある事件の被疑者宅を捜索・差押え（ガサ）をした時のことでした。わたしは、令状を執行する先輩警務官とアパートの入口に立ちました。実際に被疑者と顔を合わせるのは、このガサが初めてでしたので、被疑者が扉を開けてすぐに抵抗してくるのか、あるいは逃亡を企てるのかなどを考えていました。被疑者とのコンタクトでは、何が起こるのかわからないので緊張します。

緊張感のある現場を経験して、自ら身を守ることが大切であると実感し、効果的に被疑者を制圧することができる「逮捕術」を身につけたいと思うようになりました。いまは女性初の逮捕術指導官になることを目標にして、先輩から指導を受けて日々の錬成に励んでいます。

●話をするのが好きな人が向いている

職務のやりがいは感謝されること、それに尽きます。事件を解決した時、被害者の方が感謝の言葉を述べられたり、時には被疑者からも感謝の言葉をかけられることもあります。それらが何よりの喜びで、警務官の職務のやりがいです。

事件の捜査では、警務官は被疑者、被害者その他さまざまな人から話を聞きます。だから警務官は話しやすい雰囲気づくりや上手に会話ができる人が向いていると思っています。

●女性警務官は女性に厳しくできる

現在、女性自衛官の人員が増えています。そうすると、女性に関わる犯罪も増えます。また被疑者が女性である場合、事実を隠したり、言い逃れをしようとしても、同性なら厳しく問い詰めることができると思います。警務科職種での女性の活躍する場は、ますます広がっていくでしょう。

阿部俊一（あべしゅんいち）3等陸尉

昭和50（1975）年生まれ
陸上自衛隊第302保安警務中隊
第3小隊長

■国賓の儀仗（儀じよう）を実施するのは第302保安警務中隊である。わが国の代表として、その美しく統制された動作は、ニュース映像で見た人も多いだろう。保安警務中隊は各方面隊に1つずつある。合計で5個中隊だが、国賓送迎の特別儀じようを行なうのは、東部方面警務隊の隷下にある第302保安警務中隊だけである。

また、この中隊の珍しいところは、陸士の隊員がいることである。もちろん陸士の階級では捜査などの実務にはあたれない。いつかは3曹に、警務官にという若者たちである。阿部3尉は儀じようでは第3小隊長を務め、ふだんから後輩たちを指導している。

●特別儀じよう展示を見て

平成8（1996）年に自動車整備士専門学校を出て、第6期曹候補士として神奈川県武山駐屯地の第104教育大隊に入隊しました。その前期教育の中で、第302保安中隊（当時）の特別儀じよう訓練展示を見学し、私もぜひ、この一員に加わりたいと警務官を志望しました。後期教育修了後に、念願の第302保安中隊に配属され、平成12（2000）年7月に陸曹になって警務官になりました。

●特別儀じようは国家の威信にかけて

国賓が来日すると、その特別儀じようを行ないます。それは日本という国家を代表し、最高級の儀礼を表わすとともに、もう一方では相手に隙を見せないという意味もあります。だから一糸乱れず統制された姿を見せるわけです。この国家による特別儀じょうは東部方面警務隊隷下のわたしたち第３０２保安警務中隊だけが行なっています。

●任務完遂した時の達成感

思い出に残るのは平成１２（２０００）年の沖縄で行なわれたサミット（主要先進国首脳会議）での国賓の方々を迎える那覇空港での特別儀じょうでした。猛暑の中での、儀じょう服装は夏季用ながらワイシャツ、ネクタイ、上着からなる正装での行動は厳しいものがありました。しかし、それを完遂した時の達成感はいまも心に残っています。

いまは第３小隊長、また補給幹部としてふだんは勤務しております。儀じょうの訓練は行ないますが、野外での戦闘訓練、射撃、逮捕術などの訓練も陸上自衛官として当然のこととして行なっています。

やなぎさわよしのり
柳澤義典２等陸曹

昭和５４（１９７９）年生まれ

第３０２保安警務中隊補給陸曹

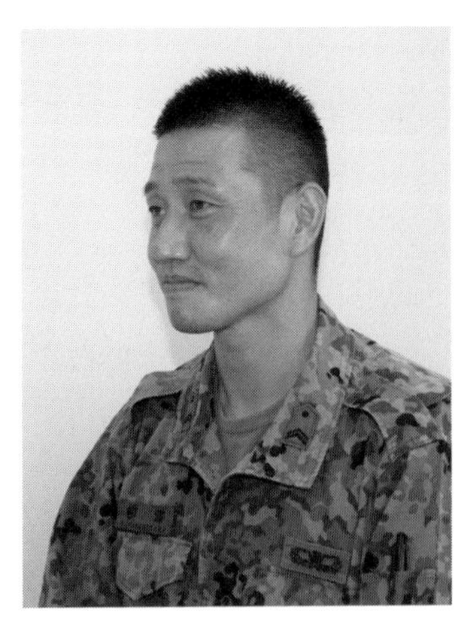

■国賓への儀じようを行なう唯一の第３０２保安警務中隊とはいえ、１年中その訓練だけをしているわけではない。有事になったら戦闘に参加することもある。そこで中隊員は射撃、野外行動訓練など、儀じようの訓練のほかにも怠りはない。柳澤２曹は現在、補給陸曹として、中隊の補給品の管理や事務を担当している傍ら、逮捕術指導官として部隊の逮捕術練成に携わっている。

●特別儀じようのビデオを観て

平成１４（２００２）年に大学を卒業、翌年８月に神奈川県武山駐屯地の第１１７教育大隊に一般隊員として入隊しました。家族に自衛官がいたので自衛隊には馴染みがありました。前期教育中に試験に合格し、第１４期曹候補士となりました。そこで特別儀じようのビデオ映像を見て、ぜひ自分も挑戦したいと思ったのです。そこで職種選考の面接で警務科へ進みたいと希望しました。身長も１７８センチで、特別儀じよう隊の身長規定１７０から１８０センチの間でしたから合格しました。

●訓練を実践できる

職務のやりがいは、訓練をそのまま実践できることでしょうか。心を一つにして号令一下、整斉と行動するには訓練あるのみです。その訓練成果を本番で発揮できる。実任務に直接結びついた訓練だということです。

儀じようの対象は、皇族、国賓、外国軍のトップなどですから動作に少しの乱れも遅れも許されません。それだけに達成感も素晴らしいものがあります。

思い出は、やはり令和元年、天皇陛下の即位の礼において祝賀御列の儀に参加したことです。第１小隊の小隊陸曹として右翼に立ちました。その感動は忘れられません。

●己に厳しく

警務官であり、また特別儀じよう隊員でありことから、細かいところにまで気を配り、緩(ゆる)みは決して見せられません。粗放な人は向いていないでしょう。決して失敗できませんから、我々の任務には努力をいつも続けられる人、己に厳しく、他者には寛大で優しい人がいいと思います。

下の者は、上の者をよく見ています。やはり上級者は下級者の手本にならねばなりません。上司、部下の信頼関係は、そこから生まれるものだと思います。職務に誇りを持って、それにふさわしい努力を続けていく所存です。

資料　憲兵隊小史

憲兵のはじまり

ポリス誕生す

明治の初め、兵士とポリスは喧嘩ばかりしていた。

もともと江戸時代には、司法も軍事も、さらには行政まで武士階級だけの独占だった。軍事優先が武士の時代の常識だから、番方（軍人）が役方（行政官）に対して何かと優越感をもっていたことは疑いがない。とりわけ民政担当者はともかく、犯罪捜査などにあたる役人は不浄役人などと差別されていた。

首都東京の治安を守るために当初、１８６９（明治２）年に府兵が置かれた。諸藩の兵から選抜して東京府が管轄した。同じように地方でも、府兵、県兵、区兵などといわれて警察制度発足まで治安を担当した。軍隊が警察の代用を務めたわけだ。翌１８７０年には「取締」と名称を変えている。大阪でもこの制度が新設された。

新政府の体制、制度が整うとともに治安維持のために、新しい考え方が輸入された。それがポリスである。天皇のお膝元となった東京には首都警察が置かれることになった。１８７１（明治４）年１０月２３日、東京府では「邏卒」という治安維持集団に、多く採用されたのは薩摩藩の郷士たちだった。巡邏（パトロールのこと）する卒（兵士）というところから邏卒となった。およそ３千人といわれ、他藩兵からの選抜者は約１千人とされている。これが当初は、外来語のポリスと呼ばれた治安維持組織の始まりだった。

戊辰戦争の主力となったのは薩摩、長州の両藩兵である。ほかに土佐藩、佐賀藩も参戦したが、その貢献は大きく胸を張れるものではなかった。天皇直属の兵力として各藩から「御親兵」として差し出されたのは薩摩・長州・土佐の藩兵だった。この１８７１（明治４）年に創られた御親兵は、のちに近衛兵となった。その主力は薩摩藩兵であり、そのほとんどは城下士の出身だった。

もともと薩摩の武士団では、城下士と郷士の間にはひどく差別があった。しかし、戊辰戦争では、多くの人材を出身身分にかかわらずに抜擢した。

警察制度の導入者は、川路利良（１８３４〜７９年）という郷士出身の人である。彼は戊辰戦争では有能な野戦指揮官であることを示した。おかげで城下士集団のトップだった西郷隆盛にも引き立てられた。

維新後、警保局の高官となりフランスに留学し、警察制度を学んで帰った。その報告書は大久保利通にも評価された。フランス式の国家警察の構想を持ち込み、大警視として東京警視庁のトップとなった。その彼が、３千人ともいわれる多くの薩摩郷士を首都のポリスとして採用したのである。ポリスは独特の制服を着用し、邏卒といわれた。この邏卒が巡査といわれるようになったのは１８７３〜７４年頃とされる。

邏卒（ポリス）と兵卒の対立

１８７３（明治6）年１月１０日に徴兵令が発布された。その４月には第１回の徴兵検査合格者が入隊する。それまでの各鎮台の将校・下士・兵卒は、みな元藩兵だった壮兵（そうへい）（志願兵）である。だから、軍隊の中身のほとんどは旧藩軍時代と変わらなかった。旧制度そのものの階級意識が生き残っていた。徴兵で入った平民たちは、さぞ辛い目にもあったことだろう。

武士を国民一般より階級の高い者とする意識は、少しも変わっていなかった。新しい世の中になっても、軍人とは武士のことをいうものだと考える士族が多かった。だから軍人は庶民より優越するといった気分は残されたままだったのだ。

兵卒とポリスに同族意識が強かった維新の頃なら、あまり問題は起こらなかった。休日に外出した兵卒が酒に酔って暴れても、ポリスがその場に来れば事件が収まることも多かった。それが徴兵令より後、庶民出身の兵卒が増えてくると、さまざまな軋轢が両方の間に起きてきた。ポリスは士族であり、平民出身の兵卒に対して厳しくあたった。兵卒にしてみれば、今は名誉ある軍人に対して何を言うかと反発もしたのである。

『日本陸海軍騒動史』（松下芳男、土屋書店、１９６５年）によれば、１８７４（明治７）年1月１８日、日曜日のことである。

本郷３丁目（今の文京区東京大学の近く）周辺を邏卒が巡視中に、鎮台兵が１人、路上で放尿していた。それを咎（とが）めたところ、兵卒は泥酔していて素直に注意をきかない。そこで拘引（こういん）しようとすると、近衛兵が２０人ばかり現われ、兵卒を奪い返そうとした。

邏卒が増援を要請し、防ごうとすると、兵卒が５０〜６０人もやってきた。邏卒もさらに応援を増やして対抗した。そこに兵卒がまたまた１５０人余りやってきて、数に劣った邏卒にひどい暴行を働いた。首都の街中で、警察官に対して兵隊が集団で暴行をするといった事件である。この数日前、１月１５日には東京警視庁が発足したばかりだ。

４月２９日には、警視庁は陸軍省に兵卒の検束方法を定めることを通牒（つうちょう）した。当時、陸軍憲兵がいなかったため、府下の治安、兵卒が関わる事件はすべて警察官が対応することになっていた。軍人の逮捕、拘引も警視庁の規則によることを確認したのである。

ところが事件はまだ続く。６月のある日曜日、芝愛宕下（現東京都港区）で酒に酔った兵卒３人が人力車の上で騒いでいた。たまたま通りかかった少警部（警部補、巡査の上）が注意をしたところ反抗する。そこに３０人あまりの兵卒が集まってきたが、主犯のうち１人だけを巡査屯所（交番のような施設）に拘引した。またまた兵卒２００人ばかりが集まり、銃剣を抜き、投石をして警官を傷つけた。このような警察官と兵卒の喧嘩というよりは、闘争事件はあとを絶たなかった。

また、当時は兵卒の脱走がしばしばあった。１８７４（明治７）年には軍人の犯罪総数の４７．４％にもあたる２０１件の逃亡案件が報告されている。翌年には５６８件（犯罪総数の５３．２％）にものぼっていた。

１８７２（明治５）年の入営時に兵卒に渡す誓文があった。その４カ条のうちの第３条には、「平時戦時共脱走致し申間敷事」という文言まで入っていたくらいである。そんな誓言までさせなければならないほど、兵卒の脱走が多かったのだ。

屯田兵は憲兵だった

中学校の教科書には「政府は、１８６９年に開拓使という開拓事業を進める役所をおき、蝦夷地を北海道と改め、北海道外からの移住政策を進めました。さらに、土地を耕しながら兵士の役割も果たす屯田兵を配置しました」と書かれている。

１８７５（明治８）年のことである。最初の屯田兵が札幌郡琴似村の兵村に入った。これはロシアへの備えでもあり、厳格な規律をもたせた家族帯同の開拓民を育てようというものだった。ただし、この兵たちが憲兵だったことはあまり知られていない。

当時、国際的に認められていた憲兵は正規兵であり、交戦権をもつ軍人だったが、非戦闘員だった。任務は治安維持で、許されたのは自衛のための最小限の武力行使だけである。作戦兵力として敵兵力に向かって攻撃をする権利をもつ、歩兵や騎兵、砲兵という戦闘員ではなかった。それがかえってロシアとの紛争があった時によかろうと考えられたのではないだろうか。

１８７４（明治７）年に屯田兵条例が制定された。その時に「屯田兵は徒歩憲兵に編成し」とされた。この屯田憲兵は陸軍省の管轄ではなく開拓使に所属した。したがって、階級名も準少尉、準軍曹などと、頭に「準」がついていた。詳しくは触れないが事実として紹介しておく。

次に紹介する１８８１（明治１４）年の勅令で決まった憲兵とはまったく異なるものである。

憲兵隊の発足

陸軍憲兵科の創立

明治維新はペリーの来航（１８５３年）、その結果の開国から始まり、西南戦争（１８７７）年で終わったといわれる。一国二制度とでもいうような鹿児島県の独立状態も終わった。以後、不平士族による反乱も二度と起こらなかった。

戦後処理もだんだんと進み、１８８１（明治１４）年1月、ここでようやく陸軍部内に憲兵を設置することが太政官達として出された。3月11日に出された憲兵条例によって、当分の間、東京府に1個憲兵隊が置かれることになった。5月9日には府下麹町区（現千代田区麹町）に東京憲兵隊司令部を仮設して準備事務をとり始めた。戦前の陸軍憲兵科ではこの日を創立記念日としていた。

憲兵の制度そのものは、フランスのジャンダルムリー（GENDARMERIE）、国家憲兵隊などと訳される警察軍を研究し、わが国の実情に合わせて採用したものである。

「憲」の意味は「てほん、基本、おきて」の意味がある（『大明解漢和辞典』三省堂）。憲法、憲章などと国家の基本を表す使われ方が多い。英米軍のMilitary Police、直訳すれば軍事警察隊という表現より、憲兵の方が、その在り方についての意味が込められている。

準備の段階についての証言が『憲兵正史』にある。１９２７（昭和2）年に書かれた回顧談である。１８８２（明治１５）年に歩兵から転科した経歴をもつ憲兵中尉の証言だった。それによれば、明治１２、３年頃に彼は陸軍省に勤務し、その頃に各国軍隊の憲兵隊の様子を調べたという。

当時の上司との行き違いも述べられている。憲兵隊の人事構想については、軍人7分、警察官3分とせよという意見が陸軍上層部には多かった。それに対して、列国の事情を述べ、全部軍人にすべきだと上申したという。しかし、警察側には、これまでの軍隊への遺恨をもつ傾向があり、警察からの転官にはあまり協力的ではなかったらしい。

憲兵将校の多くは元警察官

発足時の憲兵将校３３人中、現役陸軍将校だった者は９人に過ぎなかった。残りの２４人は元警察官である。しかし、元警察官といっても憲兵隊長からして、軍人としての経歴があった。三間正弘（１８３６～９９年）憲兵中佐は内務省警保局少警視だったが、それ以前に歩兵少佐にも任ぜられていた。

三間は戊辰戦争（１８６８年）では越後長岡（現新潟県長岡市）牧野家の洋式銃兵隊指揮官の１人だった。長岡藩家老河井継之助は、官軍と奥羽越列藩同盟の間に立って武装中立を唱えた。悲惨な結果となったことは有名である。この三間には、長岡藩を攻めた官軍に手ごわく抵抗した経歴がある。

降伏後は許され、小諸藩（長野県の一部）大参事となり、のちに文部省や警察に奉職する。西南戦争では、警視庁をはじめとして各県の警察官から編成された別働第３旅団の一員となった。臨時に陸軍少将となって旅団を率いた大警視川路利良の幕僚を務めた有能な軍人でもあった。

野戦の現場でも、田原坂の血戦のさなか、１８７７（明治１０）年3月１６日に熊本県八代市の南方である洲口に警視隊５００人を率いて上陸するという武勲をたてた。このときともに上陸したのは黒木為楨（１８４４～１９２３年）中佐である。黒木は広島歩兵第１２聯隊長だった。黒木はのちに陸軍大将となり、日露戦争では第１軍司令官として活躍する。

なぜ三間が憲兵中佐として初代隊長になったかの理由は明らかではない。ただ有能な者は藩閥をこえて登用、優遇された時代でもある。川路が戦時中に体調を崩し、旅団長を退いた時の後任が大山巌（１８４２～１９１６年）少将だったことも関わりがあるだろうという解釈もある。

西南戦争後、川路が病没した時に警視局長となったのが大山であり、憲兵隊発足時の陸軍卿も務めている。そうした縁もあっただろう。敵として、のちに友軍としても戦った多くの陸軍将校にとって三間の評価はなかなかに高かったに違いない。

ほかにも分隊長である６人の大尉のうち４人は警察官からの転官である。ただし、その４人は、みな西南戦争時には歩兵中尉として従軍している。警察官としてはみな１等警視補という階級にあった。隊付の発令を受けた中尉８人のうち４人が中警部・少警部であり、やはり従軍中は歩兵少尉だった。このように、元警察官といいながら、三間をはじめとして軍隊経験者が多かったことが特徴といっていいだろう。

純粋な警察官として育った者は、軍隊という組織に馴染むことだけでも苦労したのではないだろうか。逆に、軍人たちにしてみれば、従軍経験がある方が親近感も持ちやすかったことだろう。そうしたことから、こうした人事が行なわれたのではないだろうか。以上は、『憲兵正史』の記述も借りて、筆者の推論も入れてみたものである。

憲兵の職務と権限

兵器をもち、それを扱う技術を身につけ、身体を鍛え、有事に備える。これが軍人であり、軍隊の主な構成員である。では、その精強さを保証するものとは何か。それは軍の秩序、軍秩であり、軍紀だった。軍人は階級（ランク）を与えられ、それにふさわしい職務（ポスト）につく。

「軍紀は軍の命脈なり」といわれたように、正しい経路によって下された上官・上級者の命令・規則は必ず遵守する。そうした態度が軍の構成員の必須の心得である。この軍紀を守るのが憲兵の任務だった。

憲兵条例を読みやすく改め、内容を抜粋し説明してみよう。

第１条 憲兵は陸軍兵科の１つであり、巡按検察（視察に歩き、探偵をして逮捕する）を業務とし、軍人の非違（過ちや犯罪）を視察して、行政警察と司法警察のことを兼ねて、内務省、海軍省、司法省の３省に隷属して国内の安寧を担任する。戦時、外国軍の侵攻と非常、内乱などの事態での服役は別に定める。

まず、警察とは何か。「戒める、禁じる、防備する」が警の意味である。

察とは「調べる、つまびらかにする」という意味になる。社会秩序を守り、何かことあれば調べるというのが元の意味に違いない。

憲兵は軍事警察と行政警察、そして司法警察を執行する。軍事警察では、海軍に憲兵という兵科がなかったので、海軍についての事案は海軍大臣の指揮を受けた。

行政警察とは公共の安全と秩序を守るための行動をいう。衛生や交通、産業などの各行政分野にも関わる。だから、事案の内容によっては内務大臣の指揮下に入ることになる。内務省とは戦前制度の中でも巨大な権限と力をもっていて、全国文民警察のトップの存在でもある。

司法警察とは、犯罪の捜査や被疑者の逮捕、取り調べなどを行なう。憲兵は司法警察官としての身分も有した。憲兵の将校・准士官・下士官は、司法警察官として捜査にあたった。現在の警察官も巡査部長以上が司法警察官の身分をもち、巡査長と巡査はその指揮下で活動している。また、事案によっては司法大臣の指揮下に入った。

以上のそれぞれを詳しく説明しよう。

軍事警察

軍事警察は、軍事司法警察と軍事行政警察に分かれる。

軍事司法警察は、軍事に関する危害を排除することを目的とする。軍法会議法や刑事訴訟法の手続きによって、軍人、准軍人（軍学校の生徒など）や一般人の軍事に関係する犯罪を対象にした。

軍事行政警察は、軍事に関する危害を警防排除する警察権の働きをいう。軍事保安警察と、統帥および軍務行政にともなう警察に区分できる。憲兵服務規定、憲兵服務細則などに定められた職務遂行中の手段として次があげられる。

（1）社会情勢の視察と警防。
（2）軍人、軍属の非違犯罪の警防と処置。
（3）在郷軍人および未入営の壮丁の視察調査。
（4）軍機の保護。
（5）要塞、軍港、その他軍事に関する築造物に対する危害の警防等。

社会情勢、すなわち反体制的な運動や、それに関わる結社や集団を調査し、それらの行動を監視する。軍属は武官・兵卒と異なり軍に属する文官などをいう。在郷軍人とは、予備役・後備役の軍人、帰休兵などをいい、服役・入営前の徴兵検査を受けた若者についての身上調査も行なった。また大きな任務として軍事機密の保護も憲兵の任務だった。最後に軍港やその設備、それを含む要塞地帯の警備や、射撃場や演習場の廠舎（しょうしゃ）（宿営用の簡易兵舎など）に関する管理も行なった。

行政警察と司法警察

憲兵にも一般の警察官と同じ行政警察権と司法警察権が与えられていた。しかし、どんなことにも関わったわけではなかった。司法省、内務省また海軍の関係案件については海軍省の指揮下で対応した。また地方長官（府県知事など）が要請すれば出動することもあった。

有名な秩父事件（１８８４年）では武装した暴徒を鎮圧するために憲兵隊が出動した。軍隊的威力警察行動といい、地方の警官隊では抑えきれなかったので、憲兵が姿を見せたのである。これなどは一般警察機関の補充的な役割を果たしたといえよう。

軍令憲兵の活動

平時の内地にあって、憲兵隊に所属している憲兵を勅令憲兵という。その性格や勤務の内容はこれまで述べてきた通りである。

しかし、戦時になって出征部隊に属する憲兵を軍令憲兵といった。それは外地にあって、作戦軍の軍司令官の隷下に入る憲兵のことである。その任務は作戦要務令によって定められていたが、憲兵本来の任務の遂行、作戦軍司令官の権限に基づいた軍令による任務があった。

作戦要務令第３部にある軍令憲兵の任務は次の通りである。
①軍機の保護、②間諜（かんちょう）（スパイ）の検索、③敵の宣伝および謀略の警防、④治安上必要な情報の収集、⑤通信および言論機関の検閲取締り、⑥敵意を有する住民の抑圧、⑦非違および犯則の取締り、⑧酒保および用達商人等従属者の監視、⑨旅舎、郵便局、停車場の監視。

占領地や交戦地域では、治安の維持が最も重要な任務となり、敵性住民の抑圧などといえば、敗戦後に目の敵にされた理由もよく分かる。

憲兵の補充と服役

発足時の憲卒と憲兵下士

発足時の「憲兵条例」には第２３条に、第２４条から同２９条までによって「撰挙（せんきょ）」と進級をさせるとある。それを要約すると、憲卒は近衛、鎮台の常備、予備、後備軍から採用する。年齢は２２歳から３０歳未満で身長が５尺（約１５１センチ）で読み書きができる者で行状が方正（ほうせい）の者であること。

なお、当時は今でいう選抜を撰挙という用語で表した。他兵科でも候補者からの選抜を「上等兵撰挙」などとしていた。試験科目は作文と読み書きだった。

下士である伍長は憲兵卒として６カ月以上勤務した者、また他兵科の伍長でやはり６カ月の服務経験がある者から選ぶ。軍曹についても憲兵伍長として６カ月以上の勤務経験がある者、他兵科の者も同じ。曹長については憲兵軍曹としての勤務が１年以上の者、他兵科の軍曹からの撰挙も同じく１年以上の者であってもよいとある。年齢は２２歳以上で３５歳未満とした。試験科目は作文と算術である。

下副官という耳慣れない階級名もあるが、臨時に設けられた准士官であり、憲兵曹長もしくは他兵科の下副官から撰挙する。士官（尉官）以上は憲兵曹長以上から武官進級規則によって昇級させることが本来のやり方だが、他兵科の士官以上から撰任することがある。

これによって適格とされた者は下士40人、卒777人だったという。

なお陸軍の発足時には卒は1等と2等の2等級しかなかった。1874（明治7）年の布達「陸軍武官官等表のうち兵の部」を見ると、憲兵科には他兵科の1等卒にあたる位置に「卒」とだけある。続いて1879（明治12）年の改正を見ると、歩兵と騎兵に初めて「上等卒」の記載が見られる。そこでも憲兵卒はまだ1等卒と並んでいる。この歩兵・騎兵上等卒に砲兵も加わって、それぞれ「上等兵」と改称されたのは1885（明治18）年のことである。このとき工兵と輜重兵の上等兵が新設された。憲兵の上等兵がいつ設けられたかについては明らかではない。

発足時の憲兵の服装

1881（明治14）年2月11日に「憲兵条例」が出された。続いて3月21日には太政官が達第22号で「陸軍憲兵服制」の布達をする。目立つようにという配慮があり、帽子は萌黄（もえぎ）色の正帽をかぶった。

正帽は正装の時に着用するもので、短いつばがつき、上は扁平である。正面の帽章は軍帽の星章と異なり、大きな直径1寸5分（約45ミリ）の金色日章だった。中心の小円から16本の光線が出ている。軍曹以上は真鍮、伍長以下は銅色である。

帽子の鉢巻きの上下に将校は金線、下士卒は緋色の毛糸線をつけた。そうして階級に関わりなく、萌黄色の飾緒（しょくちょ）を右肩に懸けた。外套（コート）の袖口も、みな緋色にされた。

東京憲兵隊の定員

憲兵条例の定員は1618人だった。

憲兵隊本部は中佐の隊長、副官大尉、1等軍吏（のちの主計大尉）、1等軍医（同軍医大尉）、軍吏副（同主計少尉）、准士官（下副官）各1人、憲兵軍曹、会計書記（同主計軍曹もしくは伍長）それぞれ2人の合計10人である。

東京府下の管轄区域は6つに分けた。たとえば、第1管区は麹町区、日本橋区、京橋区を管轄させ、指揮官を分隊長といい大尉がついた。その部下には中・少尉が4人、曹長が1人、軍曹20人、伍長41人、そして会計書記が1人、憲卒200人ということになる。第2から第4までは11区を分担し、第5管区は深川・本所の両区と南葛飾・南足立の両郡、第6管区は北豊島・南豊島・東多摩の3郡を管轄した。士官以上は35人、准士官1人、曹長6人、軍曹・伍長376人、憲卒1200人、合計1618人というものだった。しかし、実在したのは約350人だったといわれる。

1883（明治16）年11月26日には本部の下に2個大隊（1個大隊は3個中隊、1個中隊は3個小隊）に改編され、同３０日に大阪府下に１個中隊が分遣されることになった。１８８５年には２個大隊が３個大隊になり、１個大隊を大阪に派遣することになった。

なお、明治１４年の憲兵発足時には陸軍の総員は約４万３０００人であり、憲兵が１６００人とすると、その割合はおよそ3.7パーセントだった。

各府県へ憲兵が配置

１８８９（明治２２）年には徴兵令に大改正が行なわれた。すでに陸軍は１８８２（明治１５）年から軍備拡充計画を立てていた。明治１７年から１０カ年計画である。それは近衛師団と６個師団を基幹とした外征を可能とする近代陸軍の整備を目指したものだった。同２１年５月には各地の鎮台を廃止して、順次に師団編制に改組することになっていた。

徴兵令の兵役区分も、常備（現役・予備役）、後備、国民兵役とした。戦時には予備、後備の人員を召集・動員して平時の約３倍の兵力を整えるようにする。

常備兵役、現役３年（海軍４年）、予備役４年（海軍３年）の合計７年、後備役は常備を終えてから５年だった。野戦軍は予備役を召集して常備兵役だけで編成する。後備役は同じく召集し、占領地警備その他の後方業務や兵站線の維持などにあてる要員である。

満２０歳で検査を行ない、甲種・乙種の合格者から籤（くじ）を引き、当選者を現役として徴集した。落選者は１年間、予備徴員として現役の補充要員とし、それを終えると国民兵役に服した。国民兵役とは、召集して国民軍を構成する要員である。国民軍とは内地の警備にあたるもので、日本軍隊ではついに大東亜戦争の敗戦で軍隊がなくなるまで、実際に編成されることはなかった。

ただし、この予備徴員という制度は、日清戦争後（１８９５年）に改正され、補充兵役といわれるようになった。陸軍はその服役を７年４カ月とした。同時に常備兵役も同じ7年４カ月とされた。第１と第２の補充兵役に分かれ、第１は９０日間の教育召集を受け、戦時の常備兵の損耗に補充するとした。

４カ月の端数は、動員年度と教育年度のずれによるものである。当時は１２月に入営し、基礎訓練を受ける期間は約３カ月だった。一方、動員年度は新年１月からであり、既教育の現役３年兵を確保しなければならない。そのため４カ月の端数がついたのだ。

師団は歩兵２個旅団（４個聯隊）を基幹に、野戦砲兵聯隊、騎兵、工兵、工兵、輜重兵の各大隊で構成された。各部隊は衛戍（えいじゅ）（駐屯のこと）地に兵舎、弾薬庫、訓練場、各種倉庫などをもった。

１８８９（明治２２）年の憲兵の配置は各府県である。東京の憲兵司令官が各府県憲兵隊長を直接に指揮下におき、憲兵隊長は府県を分けて、いくつかの憲兵分隊に管轄させた。憲兵分隊は憲兵巡察区を定めて、５人で編成される１伍（いちご）から数伍を担当させた。

憲兵の兵器使用

このとき（明治２２年）の憲兵条例は第５条で憲兵が兵器を使用する条件を示している。「暴行ヲ受クルトキ」「其（その）占守スル所ノ土地又ハ委托セラレタル場所若クハ人ヲ防衛スルニ兵力ヲ用フルノ外他ニ手段ナキトキ又ハ兵力ヲ以テセサレハ其抵抗ニ勝ツ能ハサルトキ」

この原則は、敗戦時の憲兵令第５条も少しも変わらない。あくまでも消極的な兵器使用を目的としたものだ。

したがって、映画『硫黄島からの手紙』（２００６年）の一場面で、民家の犬を憲兵が拳銃で射殺するように上官の憲兵大尉から強要される場面はまったくのフィクションである。私物の拳銃や弾の使用が許される場合もあるというアメリカの風習からの連想だろうか。

日本陸軍軍人が装備品の拳銃で民間人の犬を撃つというようなことは憲兵が取り締まる犯罪である。映画はアメリカ人脚本家の創作だったにせよ、あまりに憲兵の兵器使用の実態からかけ離れていた。

日清日露戦争に出征した憲兵

戦時補助憲兵の採用

１８９４（明治２７）年、わが国は清国に宣戦を布告した。「陸軍省統計年報」によれば、前年末の現役軍人は約２７万２０００人、軍属が約３０００人、合計で約２７万５０００人である。内訳は、将官が同相当官と合わせて６３人、佐官・同相当官が同じく６２６人、尉官・同相当官同じく約３９００人、准士官と下士が約１万３０００人と兵卒約２５万２０００人、諸生徒が約２０００人だった。

予備役・後備役の合計数は「帝国統計年鑑」によれば、将官・同相当官が４６人、佐官・同相当官が２６５人、尉官・同相当官約１２００人、下士は約1万１０００人、予備役の兵卒は約９万人、後備役同は約１０万４０００人である。これらが動員して集められる最大限の数だった。

海軍の人員は、同じく前年末の数字で、現役約1万１０００人、予・後備役約２４００人、軍属が約２０００人である。人員規模では、圧倒的に陸軍が多かった。

動員された部隊に属したのは約２４万人であり、戦闘に参加したのは約１７万４０００人にのぼった。戦没者数は約２万人であり、軍人・軍属の死者は約１万３０００人だった。残りの約７０００人は兵站組織などで金銭契約を結んで働いた民間人だった。当時は、これを軍夫（ぐんぷ）といい、その総数は約１５万２０００人にものぼった。

出征した憲兵は将校以下６８９人だった。この当時には、予備役・後備役の憲兵はいなかったので、必要人員数を満たせなかった。この原因は１８８５（明治１８）年1月に制定された「憲卒概則」に次のように定められていたからである。

「憲卒は憲兵になった日から７年間の現役に服し、現役を終えて後備役に編入されるときには、兵卒となって１２年に満たない者は旧兵科の後備役に服す」

したがって現役下士にならずに憲兵を続けていた者は満３２歳より若ければ、歩兵出身なら歩兵に、騎兵ならば騎兵に戻ってしまっていたのである。また１８８９年の改正憲兵令でも、それは変わらず、憲兵将校も現役を退くと元の兵科に戻ることとされていた。憲兵不足に悩んだ当局は、他兵科の下士、上等兵を戦時補助憲兵として採用し、短期教育を施して野戦に送り出した。その数は１１４０人にもなった。さらにそれでも足りずに予備・後備の下士３３０人、同じく兵２１３２人を予備・後備憲兵とし採用した。合計で３６０２人にもなった。現役と合わせて４２９１人。それでも、出征軍全体の中での割合は、約1.8パーセントにしかならなかった。

野戦の戦場、占領地では軍紀が守られにくく、多くの事件が発生した。現地物資の勝手な略奪、住民への暴行、施設の意図的な毀損、捕虜への暴行などである。とりわけ軍人ではない、軍夫たちは統制に服すことが少なかった。

また、戦闘が終わった後の戦場掃除という仕事があった。負傷者や遺棄された死体などの収容、軍需物資、兵器などの回収をいう。部隊が命令によって行なうが、敵の遺棄死体の処分（供養も含めて）は憲兵の業務だった。

行軍する部隊の最後尾を行くのも憲兵である。体調を崩し、あるいは負傷が癒えず所属部隊から落伍する将校・下士卒を収容し、保護するのは憲兵だった。

憲兵の配置の変遷

日清戦争を契機にして、１８９５（明治２８）年には、衛戍地、要塞地、鎮守府（海軍軍港に置かれた）、北海道庁、各府県庁所在地、その他の要地に憲兵分隊が置かれることになった。

師団管区ごとのナンバーがついた憲兵隊は、以前は巡察区をもっていたが、これを廃止した。東京の憲兵司令官の直接隷下の、たとえば第５憲兵隊長は管区内の広島市や山口市、鳥取市などの県庁所在地に憲兵分隊を置くだけになった。憲兵の任務は主に軍事警察であり、警察署のようにいつでも分駐することが必要かという議論があったのではないか。

では実際の設置はどうだったかというと、東京、神奈川、名古屋、大阪、広島に各２個分隊、他に２３府県に各１個分隊ずつということになった。いずれも人口が多いところであり、神奈川、広島などは明らかに横須賀、呉両軍港の存在があげられる。

１８９６（明治２９）年には、台湾総督の指揮下に憲兵隊を置いた。総督は軍隊指揮権をもつので、治安維持のために必要だったからである。２年後には将校以下２８００人という勢力になった。この年には朝鮮にも臨時憲兵隊を置く。釜山と京城（現ソウル）の間に敷かれた軍用電信線の保護のためだった。この部隊が１９０３（明治３６）年には、韓国駐箚憲兵隊となり、同駐箚軍司令官の指揮下に入った。

日露戦争に備えて

日清戦争後に三国干渉（独仏露による講和条件への横槍）を受け、陸海軍はロシアを仮想敵国にして１８９６（明治２９）年から軍備の大拡張を計画する。陸軍は第7から第１２師団までの６個師団、騎兵２個旅団、砲兵２個旅団、台湾には混成３個旅団を増設する計画を立てた。同時に陸軍の平時編制を改める。師団の編制では、騎兵大隊が連隊になった。野戦砲兵連隊は、野砲兵連隊と山砲兵連隊に区分され、各隊とも定員が増やされ、師団の平時編制は約１万人に拡大された。

また天皇直隷の３つの都督部を設けた。東部・中部・西部の３つである。都督は所管内の各師団の共同作戦の計画を行ない、戦時の軍司令官要員だった。

増設された兵団は１８９６（明治２９）年末から編成に着手し、３年後におおよそできあがった。台湾の混成旅団要員は、各師団から分遣された。砲兵は、野戦砲兵旅団のほか、要塞砲兵連隊が、横須賀（神奈川県）、由良（和歌山県）、呉（広島県）、下関（山口県）、佐世保（長崎県）に置かれた。また、要塞砲兵大隊が芸予（愛媛県）、舞鶴（京都府）、対馬（長崎県）、函館（北海道）、基隆（台湾）、澎湖島（台湾）に設けられた。

また注目すべきは、日清戦役で兵站に苦労したことから鉄道大隊も編成される。このほか、１８９７（明治３０）年には陸軍兵器廠、同築城部、翌年には沖縄警備隊司令部の設立などが目立っている。

そして、１８９９（明治３２）年7月、軍機保護法、要塞地帯法などが制定された。

補充令に見る憲兵の採用と服役

１８９６（明治２９）年の補充条令によれば、憲兵は在営１年以上の歩兵・騎兵・砲兵・工兵・輜重兵の志願者から選ぶとされている。年齢は２０歳以上、品行方正で、志操確実な者でなくてはならない。毎年２月、つまり入営から１年を経過した後、志願者を連隊長（あるいは独立大隊長）は選抜し、序列をつけて品行証明書をつけて師団長に提出した。

師団長はこの名簿を憲兵司令官に送り、憲兵司令官は各憲兵隊長に下付して、憲兵隊長は学力試験を行なった。それに合格した者を憲兵上等兵候補者として憲兵隊本部に集めて集合教育を行なった。期間は３カ月ないし６カ月であったという。

この講習を受けて終末試験に合格したからといって、すぐに憲兵にはなれなかった。本人が受講した憲兵隊で欠員が出たら、そこで初めて採用序列に従って憲兵上等兵を拝命することになった。

なお、１８９９（明治３２）年に、東京の憲兵司令部内に憲兵練習所が置かれた。初めての憲兵の常設の教育機関が誕生した。学生は士官学生（他兵科の尉官からの転科希望者）と下士・上等兵の２種類で、教育期間は１０カ月だった。

１９１１（明治４４）年まで、憲兵下士の現役服役期間は上等兵であった期間を含めて７年間、また上等兵も上等兵拝命から７年だった。上等兵が下士になるには在職２年以上を必要としたから、２０歳で入営、1年後に講習を受け、その翌年に憲兵上等兵を拝命しても２９歳で予備役に編入することになっていた。

日露戦争に出征する

１９０４（明治３７）年2月8日、朝鮮の仁川港でロシアとの戦端が開かれた。日露戦争に参与した陸軍将兵数は約１２４万３０００人に達した（大江志乃夫『日露戦争の軍事史的研究』）。野戦軍に属し、戦地に海を越えて出征したのは約１００万人、約２４万３０００人は内地の留守部隊、補充隊などで勤務した。

戦争の当初は１３個師団が基幹兵力だったが、動員や新設部隊を編成した。増設した戦力は野戦師団４個（第１３から第１６まで）、後備師団２個、後備歩兵旅団１０個、独立重砲兵旅団１個が主なものだった。

野戦憲兵、監理部憲兵として派遣された将兵は３２６４人である。「戦役統計」第４巻によれば、佐官２２、士官１４６、准士官１０１、下士１３２３、上等兵１６７２人がその階級別内訳になる。

日清戦争と同じように、不足する人員への対策は予・後備役憲兵の召集を主としたが、他兵科の予備・後備の下士・兵卒から４９７人に特別教育を実施した。

憲兵は師団司令部に配属された。行軍中の任務としては、本隊に先行する設営隊に随行する。徴発する牛馬、車輌、人夫、その他諸物資の調査を行ない、徴発事務が順調にできるように協力するのが仕事の中身である。次に司令部の先頭を進み、行進路を確保する。そして師団の最後尾を守り、遅留兵や落伍兵の救助や収容を行なった。

また、部隊が駐留する時には、宿営地の軍紀風紀の維持、とりわけ住民への暴行略奪の防止が心がけられた。さらには敵の間諜の摘発、捜索があり、倉庫や物資集積所の警戒も重要な任務だった。スパイや工作員は妨害工作が任務である。情報を集め、疑いのある者は逮捕し、取り調べも行なう。

戦場は流行病の蔓延するところでもある。日露戦争では脚気の惨害もあったが、腸チフスや赤痢なども大きな人的被害の原因にもなった。環境衛生に気を配り、宿営地や幕舎などの清潔を保たせることも担当した。

戦闘間には、前線と後方の連絡路を確保した。後方部隊の略奪や暴行の防止にも気を配った。戦利品の確保、保全も軍の規律維持では軽視できず、宿営用の材料や器具の収集の監視も気を抜けなかった。戦闘部隊は気が荒く、しばしば粗暴な行為に及ぶものだったからだ。

敵地の都市を占領した際も憲兵の仕事は多かった。まず危険物を調査する。敗残兵の捜査をし、敵が利用する郵便、電信局を封鎖し、文書の押収を行なう。撤退した敵が遺棄していった司令部や兵站部、倉庫、その他の重要建造物の検査と監視。また、占領と同時に起きる住民たちが行なう財物の略奪を防ぎ、平常の生活に戻すための住民の復帰の許可、商店や市場の開設を援助する。当地の地方官吏と地元の有力者の取り調べと宣撫工作も、憲兵隊の任務になる。

戦地の司法事務も当然行なう。軍律違反者の逮捕、捜査、留置場の管理や囚人の押送（おうそう）、軍法会議や軍事法廷の取締まりなどは憲兵の専権事項である。

戦役中の憲兵の服装は、１９００（明治３３）年の改正で定められたものだった。帽子は上部が緋色、下部は黒、軍衣は紺色、軍袴（ぐんこ）（ズボン）は鮮やかな茜色（あかね）でサイドには黒いラインがついた。考証が正確だった映画『二百三高地』（１９８０年・舛田利雄監督）では、捕虜のロシア将校の尋問のシーンにこの服制の憲兵将校が登場していた。

日露戦争後の憲兵

憲兵隊と分隊

１個憲兵隊が管轄する地域を憲兵隊管区という。１８９８（明治３１）年には１師管１憲兵隊管区制だった。ただし近衛師管は第１師団管区と合わさっていた。ただし台湾は第１２師管の次ということから第１３憲兵隊管区となっていた。

１９０６（明治３９）年には近衛師管がなくなり、併合前の韓国と南満洲に憲兵隊管区が設けられ、それぞれ第１４、第１５の番号がついた。翌年には、憲兵隊管区の番号が師団番号と同じだったのに、本部の所在地名、つまり師団司令部所在地名をつけることになった。たとえば、第４師団司令部は大阪にあったので、第４憲兵隊は大阪憲兵隊と名称が変更された。台湾は台湾憲兵隊管区、韓国は韓国駐箚憲兵隊管区、南満洲は関東憲兵隊管区となった。

ただし例外があった。東京師管は東京憲兵隊管区と横浜同、横須賀同である。主に海軍の鎮守府があるところは、管区が置かれている。横浜は国際貿易港としての対応である。京都師管も京都のほかに舞鶴、広島師管は広島と呉、久留米師管も久留米、佐世保、沖縄と３つの隊区に分かれた。これらはいずれも海軍の重要な軍港があった管区だったからである。

旭川師管は旭川、帯広、札幌、樺太（からふと）と４つに分かれ、朝鮮の羅南（らなん））師管も邏南、咸興の両憲兵隊区、龍山師管は京城、大邱、光州、平壌の４個隊区に分けられていた。台湾も台北、花蓮、台南と３個隊区だった。これらはいずれも理由のあることである。

各憲兵隊には隷下に分隊があった。人口が多く、重要な府県には多くの分隊が置かれた。分隊とは他兵科では小隊の下の単位だが、憲兵分隊は大尉が長となっていた。

横浜憲兵隊は山梨県を、東京憲兵隊が千葉県、埼玉県を管轄した。そのため、東京憲兵隊には１３個もの分隊があった。詳細は次の通りである。ただし、１９４０（昭和１５）年に改正されたものである。九段、上野、本所、板橋、赤坂、牛込、渋谷、大森、立川、豊岡（埼玉県・現在の航空自衛隊入間基地、当時は航空士官学校があった）、市川、習志野、千葉の各分隊合計１３個だった。横浜憲兵隊は横浜、川崎、相模原（以上は神奈川県）、甲府（山梨県）の４個分隊だった。変わっているのは横須賀憲兵隊で、横須賀と館山（千葉県）である。館山には海軍の一部が分駐していた。

分隊名は地名を冠するのが普通だが、沖縄憲兵隊だけは第1から第３分隊までの番号がついていた。

憲兵の兵科色は黒

日露戦争で満洲の戦場での迷彩効果が認められ、戦後には新しい軍服が制定された。それまでの黒から、欧米軍隊で採用されていたカーキ色に変わったのである。正式には１９０６（明治３９）年４月１２日の勅令第７１号で、前年の陸軍戦時服服制を改め、陸軍軍服服制が公布された。

この服制の特徴は、各兵科階級の上下を問わず同じ様式にしたことである。したがって憲兵もまた、他兵科と同じデザインの服を着ることになった。

軍装の時にかぶる軍帽は、正式には第２種帽という。茶褐色の絨製である。鉢巻きと上部のクラウンの縁が緋色、目庇と顚紐は黒革になった。正面の星章について各兵科は金、経理部、軍医部といった各部は銀、近衛師団所属の者は星を桜の枝で囲んだものにした。

軍衣はやはり茶褐色の絨製でボタンは模様がない平らな形の１行５個になり、やはり兵科は金、各部は銀で作り、光の反射を消すための艶消しだった。緋色の絨製の１分（約３ミリ）の袖に巻く筋がついた。ズボンの軍袴にも側章として同じ幅の緋色のラインが入った。

階級章は肩章になって、縦長の肩甲骨に直角の向きに着けた。将校と同相当官は縄目繍という、兵科は金、各部は銀の縁取りで緋色の長方形を囲んだ。少尉から大将までは、中の金筋（各部は銀筋）の太さと金星、銀星の数で区分する。下士はこの縁取りがなく、金の筋（各部は銀）に星の数で、兵卒は兵科が黄色の星、各部が白い星で等級を表した。

各兵科と各部の区別は詰襟の合わせ目につけた襟章の色で区分する。襟章は兜の鍬形(くわがた)から、あるいは古代の盾の形を割って左右の襟につけたともいわれるが、正確なことは分かっていない。このとき、憲兵の兵科色は黒となった。

憲兵の給与と任用継続

大正時代を通じて、平時の憲兵の数は内地ではおよそ１０００人から１４００人くらいだった。うち将校は１割ほど、１００から１４０人である。准士官は３０から５０人の間で、下士も３００から４００人、兵が６００から９００人前後になっている。

憲兵隊には兵営がなかった。ほかの兵科や各部でも、ふつう曹長にならなければ営外居住が認められなかった。憲兵だけは上等兵でも自宅から通勤である。その勤務ぶりが『憲兵正史』に載っている。

その一例として、１８９９（明治３２）年１１月の給与令改正後の数字をあげておこう。曹長の場合、給料は８円６１銭、憲兵加俸３円、下宿加俸８円１０銭、宅料１円９０銭の合計２１円６１銭である。これに通訳加俸が有資格者についた。英語、華語（中国語）、ロシア語、朝鮮語について、１等7円、２等6円、３等５円、４等４円、５等３円というものだった。およそ、当時の１円は現在の２万円くらいの使い出があったから、憲兵の待遇はずいぶんよかった。

１９２７（昭和２）年7月、陸軍給与令が改正。憲兵加俸が一律７円５０銭となり、ほかの陸軍軍人の同階級の者の俸給額に加算された。営外加俸は下に厚く、上等兵には３６円、伍長同３５円、軍曹同３３円、曹長２８円が支給される。この加俸は下宿、借家代だけではなく営内居住者が支給される食料費も含まれている。合計は曹長で月額７４円３０銭となり、年収で８９１円６０銭、大尉の年俸２１００円と比べても、なかなかの厚遇だったといえる。

この頃のサラリーマンの大卒初任給は月額５０円から７０円である。中等学校卒業の事務職系サラリーマンの平均所得は月額４５円だから、憲兵下士官は、同世代の中では恵まれたほうだっただろう。

現役期限にも変更があった。１９１１（明治４４）年から下士・上等兵いずれも全兵科を通じて６年間となった。１９２５（大正１４）年から１９３７（昭和１２）年までは４年となる。この時期を例にすると、現役が満期になる年の１０月に再服役願(さいふくえきねがい)を憲兵隊長に提出した者は審査の上、認められればさらに１年間を現役として勤めることができた。この延長は１年を単位とするので、毎年、願(ねがい)を出さねばならない。勤務成績がよくない、素行が悪いなどと判定されれば、すぐに失職である。

なお、将校や准士官は、通常の現役定限年齢まで勤めることができた。

憲兵分隊の日常勤務

憲兵服務規定に定められたように、分隊所属の憲兵は夏季には午前８時、冬季には同９時に分隊長が服装検査を行なった。服装検査は服装の整備、容儀は端正かを点検し、携帯品整備の状況を確かめる。携帯品は勤務手帳、捕縄、呼笛、繃帯包である。なお私服勤務者は私服で点検を受けた。

業務の分担は、庶務、警務、特高の各班に分かれた。その先任者を班長と呼んだ。庶務班は文書や通達の管理や、経理に関する事項を扱った。警務班は担当区域の巡察、取締りや留置場の監視や調査などにあたった。司法捜査なども行なう。特高は「憲兵高等警察服務規定」に基づいて、要注意人物や反戦・反軍運動、軍部利用の革新運動、在郷軍人などの視察や治安情報の収集、社会の動向観察などを所管した。

服装検査が終わると、分隊長から訓示を受け、必要書類の下達などがあり、その日の勤務が始められた。軍事教練や柔道、剣道、逮捕術などの実科、学科（法律や時局の動き）は週に１度は実施された。

当直勤務もあった。下士官、上等兵（のちに兵長）が２人で組になって、夕方５時の退勤時から翌朝の出勤時まで、交代で不寝番についた。当直明けは楽しい休養日だった。

憲兵の腕章と徽章

白地に赤い字で「憲兵」と書いた有名な腕章が制定されたのは、１９２３（大正１２）年からである。勅令第４７７号で、「当分ノ内」という但し書きはあったが、楷書体で右から左に憲兵と横書きされた白地の腕章を左腕に着けた。腕章の上縁は軍衣の肩の縫い目から下に約１２０ミリの位置とされた。鳩目に通した白い紐を肘の内側で結び目を作り、上縁を安全ピンでとめてもよいとされた。

この他に憲兵徽章といわれる直径約１５ミリメートルの旭日章があった。中央の円から放射状に６本の長い光線が伸び、光線同士の間には中１本・短２本の細い光線がある。銀色金属のそれを１９４０（昭和１５）年以降に、両襟の階級章の外側１５ミリメートルの位置に着けた。下士官・兵は腕章もつけたが、憲兵将校や准尉は徽章を襟に着けただけでいたようである。

襟の階級章というのは、昭和１５年に陸軍は７兵科を統合した。それまでの歩兵、騎兵、砲兵、工兵、輜重兵、航空兵、憲兵の区別をなくし、憲兵以外の６兵科を兵科と１つにまとめることとしたのである。だから、官名も陸軍歩兵少佐が陸軍少佐になり、同じく陸軍砲兵軍曹も陸軍軍曹とだけ呼ぶようになった。しかし、憲兵だけは兵科でありながら統合されずに依然として憲兵であった。新しい折襟式の軍衣には襟の定色表示がなくなり、右胸にＭ字型の黒い胸章がついた。

なお１９４０（昭和１５）年に「兵等級表」が改正され、上等兵の上に兵長が新設された。以後、憲兵に上等兵はなくなり、最下級は憲兵兵長になった。

戦争の激化の中で

陸軍憲兵学校

１９３７（昭和１２）年1月、憲兵上等兵候補者隊が、東京市世田谷区三軒茶屋町の野戦砲兵第１聯隊の中に置かれた。３００人の候補者を全国から集めたのである。7月には陸軍憲兵学校令が制定された。学校長は少将、副校長にあたる幹事は憲兵大佐、教育隊長は憲兵中佐、２人の中隊長は憲兵少佐だった。

甲種学生は憲兵少佐、同大尉から選抜した者で高級幹部予定者である。乙種学生は兵科（憲兵を除く）佐官・尉官から憲兵将校を養成するコース。丁種学生は憲兵下士官への実務教育を行った。己種学生は、曹長、准尉から選抜された少尉候補者に将校任官のための教育を実施する（昭和１５年の改正による）。

各隊から分遣されて入校する下士官候補者や憲兵兵候補者には憲兵下士官、憲兵兵に必要な教育も行なった。修学期間は、憲兵兵候補者が約6カ月であるほかは、みな1年間であった。

学校の編制は、教育部、研究部、教習隊であり、教習隊は中隊に分かれた。校長は陸軍大臣に直隷して校務を総理するとされたが、学生と憲兵教習隊の教育に関しては、憲兵司令官の区処（一部権限を制限され、直接指揮を受ける）を受けた。

学生は校外に居住したが、下士官・兵候補者は校内で暮らした。

『憲兵正史』の著者は、この学校の教育について率直な考察を残している。要約してみよう。将校教育において、「憲兵の真の使命」に関する教育が足りなかった。法規や実務の表面ばかりに傾斜していた。「憲兵の軍擁護」という任務を、軍の威信保持や軍への身内意識からひいきするような観念教育にとどまってしまい、「監軍護法独立不羈」という憲兵の立場による真使命の教育が徹底していなかった。

この傾向は大正の後期、軍縮時代を過ぎて、ますます強くなった。昭和の動乱期に過激青年将校たちの取り締まりが生ぬるく、憲兵の職掌を忘れ放棄し、軍首脳に迎合した。あるいは事変（昭和初期からの主に対中国とのトラブル）を口実にした軍の政治干渉に対して、これを制止するどころか進んで憲兵がそれに一役を買って出た。

また、戦時中に反軍言動策動の弾圧にあたって、戦争遂行に名を借りた軍首脳の指示とはいえ、幾多の行き過ぎを行なった。戦地においても粛正と称した住民の弾圧や、敵航空機搭乗員に対する扱いや処刑などで軍命令に迎合した傾向もあった。

憲兵の任務の真髄を理解せず、独立不羈の使命に立脚しなかったせいである（『憲兵正史』資料編第４章）。

憲兵の大増員

軍備が拡充され、動員、新編部隊の編成が続き、外征軍が増えれば、内地の憲兵から野戦軍に属する野戦憲兵（外地憲兵ともいった）が増えていく。大東亜戦争の敗戦時（１９４５年8月）には、関東・北支派遣・南支派遣・中支派遣・昭南・ビルマ方面・第２５軍・同１６軍・同１４方面軍・同２９軍・同３７軍・南方軍第１・同第２・第6方面軍・同5・同6・同8・第１０野戦・香港総督派遣の各憲兵隊があった。合計2万２０００人という大兵力になっていた。

野戦でも憲兵隊はよく任務を果たした。遅留兵や落伍兵の収容、掩護は憲兵隊の任務だった。「白骨街道」といわれたインパール作戦の撤退路、ニューギニアなどの撤収行路などでは憲兵隊が最後尾についていたことが戦記等にも書かれている。

１９４５（昭和２０）年3月にはいよいよ本土決戦が予想され、国内憲兵隊も組織を改正することになった。憲兵司令部には司令官と本部長、その下に総務、警務、外事、特務、経理の各課があった。

各軍管区に少将、または大佐の憲兵司令官を置いた。府県を1つの地区憲兵隊が担任することを原則とした。東部憲兵隊司令官のもとには、１１個の地区憲兵隊があった。東京、横浜、横須賀、千葉、浦和、水戸、宇都宮、前橋、甲府、長野、新潟である。海軍の鎮守府などがあると、横浜、横須賀のように1県で２個のところは例外だった。この下には、憲兵分隊が置かれるが、たとえば水戸地区憲兵隊（茨城県）には日立、鉾田、土浦の各分隊があった。同じように前橋（群馬県）地区憲兵隊は、小泉、太田、沼田、高崎の4個分隊をもち、部隊所在地や重要地区を管轄した。

陸上自衛隊警務隊

警察予備隊が発足する

１９５０（昭和２５）年6月２５日、金日成が率いる北朝鮮は突然北緯３８度線を越えて韓国に武力侵攻を始めた。対戦車兵器もろくになかった軽武装の韓国軍は不意をつかれ、敗走に次ぐ敗走をするしかなかった。

開戦後１３日目の7月8日、定時連絡で総司令部（ＧＨＱ）に出向いた外務省連絡局長にマッカーサーからの書簡が渡された。7万５０００人の警察予備隊をつくり、海上保安庁の職員８０００人の増員を指示するものだった。占領軍の最高司令官の命令は、当時、何者も拒めないものである。名目だけの議会立法など不要で、ポツダム政令といわれる措置で、ただちに命令は実行に移された。この前日の7日には、朝鮮派遣の国連軍が正式に発足したばかりだった。

8月１０日、「警察予備隊令（政令第２６０号）」によって正式に警察予備隊は正式に発足した。このときＧＨＱが示した大綱は次の通りだった。

（１）警察予備隊は事変・暴動に備える治安警察隊である。

（２）中央に本部を置き、全国を4管区程度に分けて、各管区に部隊を置く。

（３）内閣総理大臣の直轄とし、その

下に警察予備隊専任の国務大臣を置く。
（4）内閣総理大臣は、警察予備隊の本部長官を任命し、長官が警察予備隊を統率する。
（5）治安警察隊にふさわしいものとし、機動力、並びに装備、すなわちピストル・小銃等の武器を持つ。（『自衛隊十年史』防衛庁、１９６１年）

しかし、7月2日にＧＨＱが計画していた「警察予備隊の創設及び拡張計画」の内容は、前掲の大綱とはかなり異なったことが書かれている。

「各約１万５千の歩兵師団、４個師団にできる限り速やかに編成すべき」として、「軽機関銃、重機関銃、迫撃砲、ロケット発射機、軽戦車、１０５ミリ榴弾砲その他の米軍歩兵師団に装備されている兵器を追加すべき」とも記されていた（「警察予備隊の創設と日米軍事思想の葛藤」葛原和三、陸戦研究、２０１０年８月号、陸戦学会）。ロケット発射機とはいわゆるバズーカとして知られた対戦車兵器のことである。

7月１４日には実行機関が置かれ、8月１３日には警察予備隊の隊員募集が始まった。全国の警察署などを窓口にした受付には志願者が殺到した。約３８万人が応募し、定員の7万５０００人からみれば約５倍の高率を示したことになる。

政府としては、まず幹部要員を採用して、その後に一般隊員を募集し、部隊を編成しようとした。しかし、占領軍は米軍の４個師団が朝鮮半島に出征することから、急いで部隊の形を整えるように命令していた。一般隊員の中から仮幹部を任命し、とにかく早く４個師団を形づくれという方針が採られた。

警察予備隊員は警察官だった

予備隊の中央機関は予備隊本部と総隊総監部だった。総理府令によって、本部は警察官以外の職員が構成し、総隊総監部の所属員は警察官がなることにされた。本部の長官は、予備隊を代表して、国会や政府諸機関との関係で責任をもち、総監部の運営に関しては監督権をもつ。計画案や方針を出し、総隊総監にその基本方針や見解を示し、その実施計画を作らせる。この通達は総隊総監あてに訓令、もしくは命令、通牒などの形式で、計画の基本原則や所期の目標を述べなくてはならないとした。

警察官であるということは、階級呼称も独特だった。下から警査（けいさ）、警査長、警察士補、警察士、警察士長、警察正、警察監補、警察監である。１・２等警査は現在の１・2等陸士、警査長は同じく陸士長にあたり、１〜３等警察士補は同じく１〜３等陸曹である。１・２等警察士が１・２等陸尉、警察士長は３等陸佐、３等警察士（３等陸尉）が設けられたのは１９５２（昭和２７）年３月からである。１・２等警察正は同じく1等陸佐・２等陸佐であり、警察監補は陸将補、警察監は陸将に相当した。

補と正は伝統的な警察官の階級名であり、同時に陸軍にもあったことが興味深い。各部の将校相当官時代、主計正や軍医正は佐官相当官だったし、明治時代の初期には会計監督補（のちの主計大尉）という官名も存在した。監もまた薬剤監、軍医監、主計監などで馴染の呼称だった。

部隊の単位は、総隊・管区隊・管区補給隊・連隊・大隊・中隊・小隊と分隊とした。管区隊は管区総監部・３個普通科連隊・１個特科連隊・２個特科大隊、その他の直轄部隊からなっていた。いまの師団に相当する。なお番号は設置順で、第１管区隊が東京練馬、第２が札幌、第３が伊丹、第４が福岡である。

保安隊となる

１９５２（昭和２７）年７月３１日、保安庁法が公布された。警察予備隊と海上保安庁海上警備隊を統合して保安庁を設けた。部隊としては警察予備隊の後身としての保安隊、海上警備隊の後身としての警備隊を置くことになった。保安庁法は、わが国の平和と秩序を維持し、人命および財産を保護するため、特別な必要がある場合において行動する部隊を管理運営し、それに関する事務を行なう。あわせて海上においての警備救難の事務も行なうため総理府の外局としてスタートすることになった。保安庁長官は国務大臣であり、内閣総理大臣の指揮監督を受ける。

翌日、８月１日から保安庁が発足する。総隊総監部は第一幕僚監部となり、総監は第一幕僚長となった。この年、保安研修所、保安大学校、技術研究所が置かれた。すでに各職種では専門教育を施す学校が前年から発足していた。衛生学校（神奈川県久里浜駐屯地）、特科学校（千葉県習志野駐屯地）、また１９５２年の1月７日からは総隊施設学校、調査学校が開設されていた。１５日には総隊普通科学校（福岡県久留米駐屯地）と幹部候補生隊が、２１日には総隊武器学校（茨城県土浦駐屯地）が開校していた。

職種ごとの教育機関がそろい、人事や補職もそれによって計画的になされるようになった。そこで、警務科の存在も浮かび上がってきた。保安官（陸上）と警備官（海上）のうちの部内秩序を維持の職務に従事する者は警務官、警務官補として、職員の犯罪や施設内の犯罪について司法警察職員として職務を行なうこととなった。

興味深いのは、明治の初めに憲兵設置について、警察との二重制度になるという反対意見が出たことがあったが、保安隊でも同じように、警察に任せればいいという意見がやはり聞こえてきた。しかし、軍隊の制度や人事、装備に通じていない警察官が捜査にあたっても、なかなかうまくいかないだろうという正論が通り、１９５２（昭和２７）年７月に、千葉県松戸駐屯地に第４００保安大隊の編成が完結した。

保安大隊は大隊本部と本部中隊、それに衛生分遣隊と３個保安中隊として

編成完結式典で観閲行進する第400保安大隊。

発足した。

翌８月には第４００保安大隊から第４００警務大隊と改称された。１０月には警務中隊が１個増え、付衛生隊が編制の中に入った。

各地に配属された警務隊

１９５３（昭和２８）年１月には、北部方面隊に第２警務中隊が配属された。旭川、帯広、美幌、函館にそれぞれ分遣隊が置かれた。第１管区隊には第１警務中隊が配属、宇都宮、青森、高田に分遣隊が置かれた。第３管区隊には第３警務中隊が配属、水島、宇治、姫路、善通寺、米子、豊川、福知山に分遣隊が置かれた。第４管区隊には第４警務中隊が配属、小月、大村、久留米、鹿屋、中津に分遣隊が置かれた。本部には本部中隊が配属され、松戸、越中島、立川、久里浜、霞ヶ浦、浜松に分遣隊が置かれた。６月からは司法警察業務を開始した。

このころ警務隊員は、左腕に黒地に警務と白字で書かれた腕章を巻き、左腰に警棒をさげて勤務していた。

翌年３月、大隊本部と本部中隊は練馬駐屯地へ、続いて６月に豊島分屯地へ移駐する。３月には警務官教育も行なった業務学校が久里浜から東京都小平に移った。

防衛庁・自衛隊が発足する

１９５４（昭和２９）年３月、日米相互防衛援助協定（ＭＳＡ協定）が結ばれた。

７月１日、陸・海・空自衛隊が発足する。いわゆる防衛二法の制定である。陸上勢力の保安隊と海上勢力の警備隊をまとめていた保安庁を防衛庁・自衛隊と改めた。

防衛二法とは防衛庁設置法と自衛隊法である。保安庁時代は、保安隊・警備隊という実力組織と、保安庁という行政組織を１つの保安庁法でまとめていた。それを行政組織の防衛庁を設置法で、実力組織の自衛隊については自衛隊法を別に定めたのである。

世間では誤解があるが、防衛庁（現防衛省）と自衛隊は同じものである。行政機関として見れば防衛庁であり、実力組織として見れば自衛隊となる。

航空自衛隊も発足し、陸海空自衛隊発足の記念式典が行なわれたのは東京都江東区越中島駐屯地（現東京海洋大学越中島キャンパス）である。保安庁長官を防衛庁長官に、第１幕僚長は陸上幕僚長と改称された。

これを受けて、９月には第４００警務大隊が警務隊と改称された。この月には調査学校、需品学校、輸送学校が編成を完結した。一方、北海道からアメリカの駐留軍が撤退する。

第２管区警務隊と第５管区警務隊が発足した。第２管区警務隊は旭川、名寄、滝川、上富良野、留萌、第５管区は帯広、美幌、釧路、遠軽を所轄したのである。当時の国際情勢から、北方のソビエト連邦への備えが重視されてきた時代になる。

第６管区も発足した。福島県福島に本部を置き、のちに多賀城（宮城県）に本部は移り、青森、八戸（青森県）、船岡（宮城県）、郡山（福島県）、福島、秋田、大和（だいわ）（宮城県）の各駐屯地に展開する部隊をもった。

陸上自衛隊警務隊

警務隊の任務は法令によって定められている。

「主として犯罪の捜査及び被疑者の逮捕を行い、あわせて部隊等の長の行う交通規制・警護・犯罪の予防・規律違反の防止等に協力してこれらの職務を行うことを任務とする」（訓令第６１号「警務隊の組織及び運用等に関する訓令」第２条）

また、隊員の心得として、「高まい（邁）な正義感と堅確な遵法精神を基盤とし、常に儀表としての誇りを堅持して、いかなる状況においても不屈の信念をもって任務を遂行しなければならない」とされている（陸上自衛隊教

陸幕副長統裁による大規模機動演習で警務支援業務行なう第400保安大隊。機動演習は演習部隊はもとより沿道の市民の眼を見張らせるものがあり、警務隊のPRにも大いに役立った。写真は第400保安大隊に装備された米軍供与のM20装甲車上での記念撮影。

昭和29年6月、練馬駐屯地より豊島分屯地に移駐し、同年9月に現警務隊の原型となる編成が完了した。写真は警務隊先導で豊島分屯地を出発する車列。

範「警務科運用」）。

その権限については自衛隊法９６条に「部内の秩序維持に専従する者の権限」として、刑事訴訟法の規定による司法警察職員としての行為が記されている。

警務官の扱う犯罪は次の通りである。

（１）自衛官並びに陸上幕僚監部、海上幕僚監部、航空幕僚監部及び部隊等に所属する官、それ以外の隊員並びに学生及び訓練招集に応じている予備自衛官、即応予備自衛官と教育訓練招集等に応じている予備自衛官補（隊員）の犯した犯罪、または職務に従事中の隊員に対する犯罪、その他隊員の職務に関して隊員以外の者の犯した犯罪

（２）船舶、庁舎、営舎その他施設内の犯罪

（３）自衛隊の所有し、また使用する施設または物に対する犯罪

なお、３等陸・海・空曹以上の階級にある者は司法警察職員、その他は司法巡査とされる。

整備される陸上自衛隊

１９５６（昭和３１）年１月、西部方面警務隊が本部を健軍（熊本市）に置き、第４管区警務隊（福岡・久留米・大村・山口・小倉・湯布院）が活動を始める。海峡を越えて山口県も第４管区隊の隷下部隊が駐屯していることが注目される。

７月には、ミニ管区隊といえる第８混成団が新編された。熊本・国分・都城に展開する８混にも警務隊が新編された。続いて、のちに機甲師団となる第７混成団（真駒内、倶知安（くっちゃん））にも北部方面警務隊隷下の第７混成団警務隊が置かれた。

翌年３月には第９混成団（青森・八戸・岩手）が新編、警務隊が生まれ

る。この7月には警務隊本部、本部付（づき）隊（たい）と警務隊保安中隊が東京都港区芝浦駐屯地に移った。

１９５８（昭和３３）年6月、第１０混成団（本部・京都府宇治市）も発足、あわせて警務隊も新編。翌年には愛知県守山駐屯地が開かれ、１０混本部はそこに移駐した。

翌年２月には、警務隊保安中隊が第３０２保安中隊に改編された。翌年には方面隊、管区隊制の施行で、この中隊は東部方面隊に配属されることとなった。現在までも続く、国賓などの儀仗に活躍する中隊である。

方面隊・管区隊発足

１９６０（昭和３５）年も陸上自衛隊が大きな変化を見せた年だった。現在につながる方面隊、管区隊という体制である。1月１１日には市ヶ谷（新宿区）にあった防衛庁が港区檜町（ひのきちょう）に移転した。六本木の交差点に近い現在は東京ミッドタウンが建つそこは、戦前には歩兵第１聯隊の兵営があったところである。

1月１４日、全国を５個方面隊と長官直轄部隊・機関に大幅に組織編成替えをする方面管区制が施行された。すでに編成済みだった北部、西部を除いて東北、東部、中部の各総監部で創隊を祝う式典が行われた。

警務隊も、警務隊本部と５個方面警務隊に改編され、防衛庁長官直轄部隊になった。また、地区警務隊も発足する。北部方面警務隊には第１０１地区警務隊が、東部方面隊同にも第１０２地区警務隊、第１０４地区警務隊が新編され、西部方面警務隊にも第１０３地区警務隊が置かれた。この地区警務隊は方面隊の隊区を分担して担任する。

この頃の警務隊員は拳銃を携帯し、右腕に黒地に白字で警務と書かれた腕章を着けていた。

１９６１（昭和３６）年６月には港区芝浦駐屯地に警務隊本部が移る。のちに芝浦駐屯地は廃止され、現在は港区が管理する公園になっている。

駐屯地警務隊を廃止する

１９７３（昭和４８）年３月、駐屯地警務隊を廃止し、師団警備区域に対応する１７個の地区警務隊を新編した。第１０６から第１１７地区警務隊が発足した。

この頃は、反自衛隊感情が大きな高まりを見せた頃だった。本土復帰（１９７２年５月）を果たした沖縄県では、移駐しようとした臨時第１混成群（のちの第１混成団、現在の第１５旅団）の自衛官に対する住民登録を拒否した。

東京都でも立川市では市長と市民課長が自衛官の住民登録を保留するといった不当な行為などがあり、さすがにこれらは世論の非難を浴びた。また過激派による隊員の殺害事件もあり、自衛隊にとっては厳しい世相でもあった。

海外派遣始まる

１９９０（平成２）年８月２日、イ

警務隊の任務に1つに保安業務がある。災害派遣に出動する部隊の先導および道路交通統制による警務支援を行なう。

ラクによるクウェート侵攻が起きた。政府はただちに平和回復活動に２０億ドルの経済援助を拠出するが、当のクウェートにもほとんど感謝されなかった。わが国の、憲法第９条を強固に支持する「一国平和主義」について議論がされるようになった。

１９９２（平成４）年６月、「国際平和維持活動等に対する協力に関する法律」と「国際緊急援助隊の派遣に関する法律の一部を改正する法律案」が成立し、自衛隊による海外での国際貢献活動への道が開かれた。

その初めての派遣が、国連カンボジア暫定統治機構（ＵＮＴＡＣ）に６００人規模の施設大隊、８人の停戦監視要員を２次にわたって活動したものである。

アフリカのモザンビークにも「国連モザンビーク活動」（ＯＮＵＭＯＺ）への参加も決まり、１９９３（平成５）年５月から約５０人の輸送調整中隊を３次にわたって派遣した。

１９９６（平成８）年１月からは、中東・ゴラン高原「国際連合兵力引き離し監視軍」（ＵＮＤＯＦ）に約４５人の派遣輸送隊を６カ月交代で派遣した。

一方、アフリカのルワンダ内戦で多数の難民が発生し、初めての人道的な国際救援活動として陸自ルワンダ難民救援隊約２６０人がザイールのゴマに派遣され、航空自衛隊の空輸派遣隊とともに１９９４年９月から１２月まで活動した。

こうした派遣部隊の中には、必ず警務科部隊があり、報道されにくい事件の解決に尽力していることをどれだけの国民が知っているだろうか。海外に部隊が派遣されるところ必ず警務官の姿がある。外国軍隊にとって、それは常識であり、ＭＰ（ミリタリー・ポリス）の腕章をつけた警務官は信頼される。

２００１（平成１３）年１０月にはアフガニスタン難民救援空輸隊、翌年

1991年のペルシャ湾掃海部隊派遣以来、自衛隊はさまざまな地域で海外活動を行なっている。写真は派遣海賊対処行動支援隊の警務班としてジブチで夜間巡察を行なう陸上自衛隊と海上自衛隊の警務官。

国連南スーダン共和国ミッション（UNMISS）の警務班として南スーダンで国連の輸送任務に対して道路交通統制を行なう警務官。

２月には第１次東ティモール派遣施設群に警務班も派遣された。

イラク復興についての派遣も記憶に新しいことだろう。ほかにもインドネシア国際緊急医療・航空援助隊、パキスタン国際緊急航空援助隊（２００５年）、第１次派遣海賊対処行動航空隊（２００９年）、ハイチ国際緊急医療援助隊、パキスタン国際緊急航空援助隊、ハイチ国際平和協力隊への連絡調整要員派遣（２０１０年）、ハイチ派遣国際救援隊（２０１１年）、南スーダン派遣施設隊への警務班派遣（２０１２年）、フィリピン国際緊急援助隊への警務幹部の派遣（２０１３年）、派遣海賊対処行動支援隊等への派遣（２０１４年）、ネパール国際緊急医療援助隊（２０１５年）など継続しながらの派遣も多い。

改編は続く

このように自衛隊を取り巻く環境は大きく変化し、その任務も多様化、拡大している一方で、若年人口の減少による隊員の募集難などを背景に自衛隊の組織、体制は大きな変革の時期を迎えた。“平成の軍縮”の規模は大きかった。現役自衛官は１５万５０００人に減らされた。２００６（平成１８）年３月、東北方面警務隊本部は改編、減員もやむを得なかった。後方支援体制の要である、各師団の部隊編制が変わり、方面後方支援隊に集約・統合をされることになった。その一例として、第６師団（山形県神町）では第１１０地区警務隊の人員を減らした。駐屯地警務班も減員、多賀城派遣隊も規模縮小のやむなしに至った。

その一方で、四国の香川県善通寺の第２混成団が廃止にともない、第１４旅団の新編では、第１１８地区警務隊が改編され、そこでは人員の増強が図られている。

２００８（平成２０）年３月、保警一元化という改革が着手された。保安系統と警務系統の任務・業務の統合化である。各方面隊にあった第３０１〜第３０５の５個保安中隊が廃止された。同時に、各師団・旅団の司令部付隊保安警務隊が廃止される。

また第１０１〜第１１８地区警務隊が廃止になり、第１１９〜第１３６地区警務隊が新編された。

この際、廃止された各方面隊の保安中隊の代わりに第３０１〜第３０５保安警務中隊が新編され、各方面警務隊の隷下となるとともに、各師団・旅団対応の保安警務隊は直接支援保安警務隊として新編され、各地区警務隊の隷下となった。

２０１１（平成２３）年４月には、警務隊本部と付警務隊が廃止され、人員を減らした警務隊本部に改編されるとともに、市ヶ谷駐屯地を管轄する中央警務隊が生まれた。海・空の警務官もここには配員された。

おわりに

「逮捕術の大切なところは『後(ご)の先(せん)』です」。村上光由准陸尉がそう説明してくれた。2019年の猛暑の８月のある日、早朝から陸・海・空曹の受験者が集合し、逮捕術検定の始まる直前のことである。

警務官になろうとする者は、ここ陸上自衛隊小平学校の曹警務課程を履修し、その中で必ず「逮捕術」の検定を受けなくてはならない。

「被疑者から攻撃または抵抗を受けた時に、相手への危害を必要最小限度にして、制圧、逮捕するというのが術の基本です」

徒手による格闘が主体になるが、警棒または警杖による施術も行なうことになる。

「正面から頭部、顔面への攻撃は反則になります」

なるほど、頭部への面打ちは相手に致命傷を与えかねない。肩や腹、小手への打撃しかできないようになっている。

仕事のこと、その内容のこと、警務隊のすべてを知ることはできなかったが、彼ら彼女らの真摯な説明に、その使命感や責任感の高さを知ることができた。

部隊のあるところ常に警務官はいる。災害現場への派遣部隊、海外に行く部隊や艦艇にも、航空基地にも、必ず警務官はいる。それに気づく人はどれほどいるだろうか。警務官は独立性を堅持し、警務隊長は指揮官である防衛大臣に直接つながっている。旅団長、師団長、方面総監、総隊司令官の部下ではない。それが一般隊員とはまったく違うところだ。

2020年初春、撮影のために休日をつかって、６人の指導官が道場に集まり、警務隊逮捕術を演武してくださった。指導官らは納得がいくまで、何度も技をくり返してくれた。各ページにはＱＲコードがある。そこから動画で見ることができ、警務隊最高水準の技を学ぶことができる。

取材にあたって、協力をいただいた方々のお名前を列記したい。陸上自衛隊小平学校長檀上正樹陸将補、同警務科部長髙橋宏一郎１等陸佐、同総務部広報・援護幹部苅田大知１等陸尉、警務隊長梅田将陸将補、警務隊本部河田一起２等陸佐、陸上幕僚監部警務管理官福田正弘１等陸佐、同広報室相澤雄一３等陸佐、海上自衛隊警務隊司令宮原伸行１等海佐（江戸町方十手術）。そして、小平学校警務科部指導官の德岡真也１等陸尉、村上光由准陸尉、赤坂敏光１等陸曹、特級保持者の須藤親弘陸曹長、岡本真典２等陸曹、畠山元気２等陸曹の皆さん。（荒木 肇）

陸上自衛隊小平学校（こだいらがっこう）
東京都小平市にある小平駐屯地（旧陸軍経理学校跡地）に所在。現在、陸上自衛隊の職種のうち警務科職種と会計科職種の教育を担任するほか、人事、法務、システムの実務全般にわたる幅広い職域の教育を担任している。学生は陸上自衛官のみならず、海・空自衛官、事務官、技官等に及び、実務教育の総本山「実学の府」と呼ばれる。

荒木　肇（あらき・はじめ）
1951年東京生まれ。横浜国立大学教育学部卒業、同大学院修士課程修了。専攻は日本近代教育史。日露戦後の社会と教育改革、大正期の学校教育と陸海軍教育、主に陸軍と学校、社会との関係の研究を行なう。2001年には陸上幕僚長感謝状を受ける。年間を通して、自衛隊部隊、機関、学校などで講演、講話を行なっている。主な著書に『静かに語れ歴史教育』『日本人はどのようにして軍隊をつくったのか』（出窓社）、『自衛隊という学校』『続自衛隊という学校』『指揮官は語る』『学校で教えない自衛隊』『学校で教えない日本陸軍と自衛隊』『東日本大震災と自衛隊―自衛隊は、なぜ頑張れたか？』『あなたの習った日本史はもう古い！』『脚気と軍隊―陸海軍医団の対立』『日本軍はこんな兵器で戦った』（並木書房）がある。

自衛隊警務隊逮捕術（じえいたいけいむたいたいほじゅつ）

2020年10月１日　印刷
2020年10月10日　発行

編　著　荒木　肇
協　力　陸上自衛隊小平学校
発行者　奈須田若仁
発行所　並木書房
〒170-0002 東京都豊島区巣鴨2-4-2-501
電話(03)6903-4366　fax(03)6903-4368
http://www.namiki-shobo.co.jp
印刷製本　モリモト印刷

ISBN978-4-89063-402-6